Hermann Weinhauer

Landser im Weltkrieg 1

D Day Normandie 44 – Wehrmacht und Waffen SS im Stahlgewitter der Abwehrschlacht

EK-2 Militär

Über die Reihe
Landser im Weltkrieg

Jeder Band dieser Romanreihe erzählt eine fiktionale Geschichte, die vor dem Hintergrund realer Ereignisse und Schlachten im Zweiten Weltkrieg spielt. Im Zentrum der Geschichte steht das Schicksal deutscher Soldaten.

Wir lehnen Krieg und Gewalt ab. Kriege im Allgemeinen und der Zweite Weltkrieg im Besonderen haben unsägliches Leid über Millionen von Menschen gebracht.

Deutsche Soldaten beteiligten sich im Zweiten Weltkrieg an fürchterlichen Verbrechen. Deutsche Soldaten waren aber auch Opfer und Leittragende dieses Konfliktes. Längst nicht jeder ist als glühender Nationalsozialist und Anhänger des Hitler-Regimes in den Kampf gezogen – im Gegenteil hätten Millionen von Deutschen gerne auf die Entbehrungen, den Hunger, die Angst und die seelischen und körperlichen Wunden verzichtet. Sie wünschten sich ein »normales« Leben, einen zivilen Beruf, eine Familie, statt an den Kriegsfronten ums Überleben kämpfen zu müssen. Die Grenzerfahrung des Krieges war für die Erlebnisgeneration epochal und letztlich zog die Mehrheit ihre Motivation aus dem Glauben, durch ihren Einsatz Freunde, Familie und Heimat zu schützen.

Prof. Dr. Sönke Neitzel bescheinigt den deutschen Streitkräften in seinem Buch »Deutsche Krieger« einen bemerkenswerten Zusammenhalt, der bis zum Untergang 1945 weitgehend aufrechterhalten werden konnte. Anhänger des Regimes als auch politisch Indifferente und Gegner der

NS-Politik wurden im Kampf zu Schicksalsgemeinschaften zusammengeschweißt.

Genau diese Schicksalsgemeinschaften nimmt »Landser im Weltkrieg« in den Blick.

Bei den Romanen aus dieser Reihe handelt es sich um gut recherchierte Werke der Unterhaltungsliteratur, mit denen wir uns der Lebenswirklichkeit des Landsers an der Front annähern. Auf diese Weise gelingt es uns hoffentlich, die Weltkriegsgeneration besser zu verstehen und aus ihren Fehlern, aber auch aus ihrer Erfahrung zu lernen.

Nun wünschen wir Ihnen viel Lesevergnügen mit dem vorliegenden Werk.

Ihre Zufriedenheit ist unser Ziel!

Liebe Leser, liebe Leserinnen,

zunächst möchten wir uns herzlich bei Ihnen dafür bedanken, dass Sie dieses Buch erworben haben. Wir sind ein kleines Familienunternehmen aus Duisburg und freuen uns riesig über jeden einzelnen Verkauf!

Unser wichtigstes Anliegen ist es, Ihnen ein angenehmes Leseerlebnis zu bieten.

Damit uns dies gelingt, sind wir sehr an Ihrer Meinung interessiert. Haben Sie Anregungen für uns? Verbesserungsvorschläge? Kritik?

Schreiben Sie uns gerne: info@ek2-publishing.com

Nun wünschen wir Ihnen ein angenehmes Leseerlebnis!

Heiko und Jill von EK-2 Militär

D-DAY
NORMANDIE
44

Von Norden kommend streicht ein frischer Wind über die deutschen Stellungen. Er riecht würzig. Caen ist ja auch nur 15 Kilometer vom Meer entfernt.

Lutz Blänsdorf zieht fröstelnd den Kopf tiefer zwischen die Schultern und nimmt den Stahlhelm ab. Unter seinem Rand rauscht der Wind verstärkt. Nun kann er besser hören. Vor nicht allzu langer Zeit lagen sie noch zwischen den Pyrenäen und der Mittelmeerküste zu Sicherungsaufgaben eingesetzt.

Nach der alliierten Invasion wurde die Division im Eiltransport verlegt.

Vor ihrem Abschnitt, dem Abschnitt der 272. Infanteriedivision, ist es heute Nacht merkwürdig ruhig. Einzig weiter im Westen, bei Tilly und Fontenay toben heftige Gefechte. Dort liegt die Panzerlehrdivision. An höherer Stelle vermutet man, dass der Gegner etwas plant und seine Kräfte umgruppiert. Ihren Stellungen gegenüber liegen Kanadier der 2. Infanteriedivision. Weiter links die Briten der 49. und 50.

Wenn Blänsdorf sich anstrengt und konzentriert in die Dunkelheit lauscht, dann trägt der Wind englische Wortfetzen zu ihm hinüber. Hier im verwüsteten und zerstörten Caen liegen sie kaum 50 Meter von den Feindstellungen entfernt.

Durch einen kurzen Stichgraben, der von ihrem Unterschlupf, einem Ruinenkeller, bis in ihre Stellungen führt, kommt Unteroffizier Michael Bruchmüller.

„Gibt es etwas Neues, Lutz?", fragt der Unteroffizier.

„Nichts Besonderes. Die Tommies sind ruhig."

„Genau deshalb kann ich nicht schlafen. Die ungewohnte Ruhe macht mich nervös."

„Hast Recht. Es ist schon eigenartig. Man sehnt sich nach Ruhe und wenn sie da ist, dann zerrt es an den Nerven."

Bruchmüller starrt über die Deckung. Sein Blick wandert über die Trümmer der Stadt. Soweit er blicken kann, nichts als Trümmer, Schutthaufen und Hausruinen. Dunkle Gedanken drängen sich ihm auf.

„Denk nicht so viel, Michael", sagt Blänsdorf und schiebt das lMG ein wenig mehr über die Deckung. Rechts von ihnen steigt eine Leuchtkugel in den Himmel. Sofort erstarren ihre Bewegungen. Das gleißende Licht der sinkenden Leuchtkugel verändert dabei schnell das Gelände. Die Schatten scheinen sich zu bewegen. Ein einzelner Schuss peitscht durch die Stille der Nacht und schlägt gegen Gestein.

Langsam geht der Unteroffizier zurück in den Stichgraben und klettert die Kellertreppe hinunter. Er setzt sich auf eine Kiste hinter dem roh gezimmerten Tisch. Die einzelne Kerze auf dem Tisch flackert im Luftzug. Leutnant Gerhard Lemm erhebt sich von seinen Decken.

„Ist etwas los draußen?"

„Nein, Herr Leutnant", antwortet Bruchmüller und schüttelt dabei den Kopf.

Gerhard Lemm, kaum über 20 Jahre alt, schlüpft in seine graue Feldbluse und setzt seine zerknautschte, verblichene Schirmmütze auf. Seine filigranen Hände gleiten nervös auf den Tisch hin und her.

Aus dem hinteren Kellerteil klingt ein leises Jammern und Weinen eines Kindes herüber. Von Zeit zu Zeit hören die Soldaten tröstende Worte einer jungen Frau.

„Ist das nicht alles furchtbar, Bruchmüller?", fragt der junge Offizier.

„Ja, Herr Leutnant", antwortet dieser und weiß dabei genau, dass der Leutnant das Leid der Zivilbevölkerung meint. „Aber wir können nicht viel dagegen tun."

Merkwürdiger Ernst liegt auf dem Gesicht des Leutnants. Dabei hat er das Leben noch nicht richtig kennengelernt, dafür aber den Tod umso besser.

„Kommen Sie, wir gehen mal für eine Weile raus, Bruchmüller."

„Jawohl, Herr Leutnant."

„Sonderbar, diese Stille, nicht wahr?", meint Lemm melancholisch.

„Vielleicht hat einfach nur niemand den Mut, diese Stille zu unterbrechen? Vielleicht dauert sie noch eine Weile an. Man bildet sich ein, dass Frieden wäre. Daher ist es schwer, den ersten Schuss abzugeben", erwidert Bruchmüller.

Er hat es kaum ausgesprochen, als ein Gewehrschuss aufpeitscht. Er lässt die beiden Männer augenblicklich zusammenzucken.

Irgendein kanadischer Scharfschütze hat wohl ein Ziel entdeckt. Die bedrückende Ruhe ist urplötzlich vorbei. Leuchtspurfäden ziehen durch die gespenstischen Ruinen und Granatwerfergeschosse zerspringen mit hellem Knallen zwischen den deutschen Stellungen.

Im Norden, hinter den scharfen Konturen der Ruinen von Caen, glimmt es kurz hintereinander verdächtig auf. Eine kanadische Artilleriebatterie hat das Feuer auf ihre Stellungen eröffnet. Die Granaten orgeln heran, schon kann man ihr Rauschen hören. Es steigert sich jäh und mündet in vier donnernden Explosionen. Der unwirkliche Zauber der vergangenen Ruhe ist nun endgültig vorbei. Gefahrvoll zischen Splitter durch das Mauerwerk und jetzt zucken überall im Norden die gelb-weißen Mündungsfeuer der britisch-kanadischen Artillerie auf.

Die Totenstadt Caen erwacht erneut zum Leben.

Der sich verbreitende Schwefelgeruch brennt den Soldaten in den Augen, als sie überall ihre Deckungen verlassen und sich ohne Befehl in Trichter und hinter Mauerreste werfen.

Unvermittelt beginnt die Luft förmlich zu zittern. Die Landser pressen sich noch dichter in ihre Deckungen, graben sich noch tiefer in die kalte Erde. Das, was die Luft erzittern lässt, ist die schwere Schiffsartillerie der Schlachtschiffe vor der normannischen Küste.

Mit angespannten Gesichtern lauschen die Landser auf die heranheulenden Granaten. Ihr Herzschlag droht vor Anspannung beinahe auszusetzen. Mit elementarer Wucht schlägt es nun hinter ihnen ein.

Der gewaltige Luftdruck wirft die Soldaten in der Nähe gegen die Trichterwände. Eine haushohe Wolke aus Staub, Dreck und Rauch steigt hoch. Ein ohrenbetäubender Donner brandet auf.

Lemm blickt zurück. Er reibt sich die schmerzenden Augen und traut ihnen nicht. Dort, wo vor Sekunden noch ihr Deckungskeller war, gähnt nun ein schwarzer, qualmender Abgrund auf.

„Verflucht, wo ist der Keller? Er ist einfach weg!", ruft der Leutnant.

Bruchmüller wirbelt herum.

„Die Kameraden!", ruft er und mit schreckensgeweiteten Augen setzt er nach: „Die Kinder"

„Weg, einfach weg", stammelt Blänsdorf, der in ihrer Nähe Deckung gesucht hat.

Mit verstörten Gesichtern blicken sich die Männer gegenseitig an. Langsam setzt die grausame Erkenntnis ein, etwa fünfundzwanzig Menschen sind in einem einzigen, fürchterlichen Augenblick gestorben. Deutsche und Franzosen. Sie wurden innerhalb eines Wimpernschlags todgedrückt, zerfetzt und begraben.

Schon wieder rauscht es infernalisch heran. Wieder zerreißt es brüllend die geschundene Erde.

„Sienknecht!", ruft Lemm einen jungen Soldaten herbei.

„Herr Leutnant?"

„Lauf zum Chef! Er muss uns Verstärkung schicken! Auch Munition! Sonst sind wir hier verloren!", befiehlt der Leutnant.

Der junge Soldat Sienknecht rennt los. Zehn Minuten später springt Hauptmann Bergner mit zehn Soldaten in die Deckung.

Der Leutnant meldet hastig die Ereignisse der letzten Minuten und schließt mit den Worten: „Fast unsere ganze Munition war im Keller neben der Treppe gelagert, Herr Hauptmann."

„Wie viele Tote hat Ihr Zug?"

„Acht etwa, Herr Hauptmann", erwidert Leutnant Lemm.

„Ich habe zehn Mann mitgebracht. Außerdem noch genügend Munition. Teilen Sie die Leute ein. Solange der Gegner mit Artillerie feuert, wird er wenigstens nicht angreifen. Die Grenadiere sollen sich gut in Deckung halten. Alles verstanden?"

„Jawohl, Herr Hauptmann", gibt der junge Leutnant zurück.

„Ich bleibe hier!", beschließt Hauptmann Bergner.

Insgeheim atmet der junge Leutnant auf, denn damit ist ihm die Verantwortung um diese exponierte Stellung abgenommen.

Bergner schaut auf das fluoreszierende Ziffernblatt seiner Armbanduhr.

„Genau Mitternacht", knurrt Hauptmann Bergner und schiebt sich den Stahlhelm weiter aus der Stirn. Er hört den keuchenden Atem seiner Männer und presst sich mit ihnen an die Grabenwand. Schon wieder bäumt sich die gepeinigte Erde unter den schweren Schiffsgranaten auf. Sie liegen nun jedoch weiter im Hinterland. Sie haben es auf die Nachschub- und Verbindungswege abgesehen. Immer mehr steigert sich das Feuer, wird von Minute zu Minute stärker.

Gegen 1 Uhr früh bricht jede Verbindung zu den Nachbareinheiten sowie zum Bataillon ab. Das fürchterliche Artilleriefeuer wühlt zum wiederholten Male die Ruinen der Stadt um.

Von allen Seiten greifen jetzt die feindlichen Batterien in den Kampf ein und riegeln damit die Stellungen der Verteidiger zum Hinterland komplett ab.

Der gegnerische Beschuss steigert sich noch immer.

„Hilfe!"

Ein Schrei. In höchster Todesangst ausgestoßen. Schrill durchdringt es die Geräuschkulisse der detonierenden Granaten.

Ein Sanitäter springt auf und hetzt los. Durch das Toben der Granaten. Er verschwindet in einem Wirbel aus explodierenden Granaten. Der Sanitäter bezahlt seine Einsatzbereitschaft mit dem Leben.

Ein Maschinengewehr jagt eine hämmernde Garbe über die Trümmer hinweg. Die Querschläger klatschen in die Deckungen. Die Angst, das Grauen, schleicht durch die abgeschnittene deutsche Stellung.

„Hört das denn nie auf?", schreit der Gefreite Blänsdorf und hält sich die Ohren zu. Leutnant Lemm stöhnt auf und selbst Hauptmann Bergner ballt unwillkürlich seine Fäuste. Dennoch bleibt es eine hilflose Geste.

Länger und länger hält das Artilleriefeuer an und mit unverminderter Wucht wühlen sich die feindlichen Granaten in das Trichterfeld. Am Friedhof erinnern einzig die Grabsteinbrocken an diese einstige Ruhestätte. Nun werden die Toten herausgeschleudert und liegen zwischen den deutschen Grenadieren, die sich verzweifelt in die Erde krallen.

Bergner schiebt sich ein Stück aus der Deckung. Die kanadische Infanterie regt sich nicht. Ein kühner Gedanke jagt durch sein Gehirn.

„Jetzt aufstehen, losstürmen und die Bastarde dort drüben überrennen. Dann wäre man vor den explodierenden Granaten sicher."

Immer mehr ergreift dieser verrückte Gedanke Besitz von ihnen.

„Unteroffizier Bruchmüller?", ruft der Hauptmann.

„Herr Hauptmann?"

„Schicken Sie je einen Mann zu den drei anderen Zügen. Sie sollen auf doppel-grünes Lichtzeichen warten und dann angreifen. Wir überrumpeln die Kanadier und heben ihre vorgeschobene Stellung drüben aus. Dann haben wir Ruhe. Sie werden mit einem Angriff von uns nicht rechnen. Verstanden?", erklärt der Offizier.

„Jawohl, Herr Hauptmann!", erwidert der Unteroffizier. Trotzdem sieht man dem Gesicht des Unteroffiziers an, dass er am Verstand des Chefs zweifelt.

Dennoch, Befehl ist Befehl, und so machen sich Bruchmüller selbst und zwei weitere Soldaten auf den Weg.

Mit stoischer Ruhe schiebt Bergner die erste grüne Leuchtkugel in den Lauf der Leuchtpistole. Er wartet, bis der Melder wieder zurück ist. Ewige zehn Minuten muss er warten. Schließlich meldet sich Unteroffizier Bruchmüller wieder zurück und meldet, dass der Auftrag erledigt ist.

Nun muss Bergner den Zügen noch einige Zeit geben, um sich vorzubereiten. Fünf Minuten werden wohl genügen.

Der Hauptmann ist sich durchaus im Klaren darüber, dass das ganze Unternehmen ein Wagnis ist, aber es geht nicht anders, wenn sie nicht in ihrer Stellung durch die Schiffsartillerie zerstampft werden wollen.

Im Osten schiebt sich bereits ein schmaler, heller Streifen über den Horizont. Er verkündet einen neuen Tag und dieser verspricht bereits jetzt blutig zu werden.

Mehr und mehr weicht die Nacht und es kann losgehen.

Er spürt die Blicke seiner Männer auf sich ruhen.

Bergner drückt die Leuchtpistole und feuert die erste grüne Kugel ab. Schnell wird nachgeladen und die zweite hinterher geschickt.

„Los!", ruft der Hauptmann und springt auf.

Kaum sind sie einige Meter vorangekommen, da schlägt ihnen wütendes Abwehrfeuer entgegen.

Aber es ist zu spät. An der Spitze seiner Männer wirft sich Bergner mitten zwischen die überrumpelten Kanadier. Ein erbittertes Handgemenge entbrennt. Maschinenpistolen rattern, Gewehrkolben sausen hernieder und Feldspaten spalten Schädel oder schneiden in Fleisch. Vereinzelt wummern Handgranaten. Aus dem ganzen Toben des Kampfes erklingen schrill die Schmerzens- und Todesschreie der Sterbenden und Verwundeten.

„Weiter nach rechts aufrollen!", schreit Hauptmann Bergner durch das Getöse.

Langsam weichen die Kanadier nach Norden aus. Deutsche Maschinengewehre, die hastig in Stellung gebracht werden, beginnen zu hämmern. So mancher Kanadier wird beim Zurückgehen erwischt und sackt getroffen zusammen.

„Sofort in Deckung gehen! Anschluss nach links und rechts herstellen!", befiehlt der Kompaniechef.

In fieberhafter Eile wird die eroberte Stellung zur Verteidigung bereit gemacht.

Bruchmüller und Blänsdorf finden einige kanadische Proviantbeutel.

„Schau her, amerikanische Zigaretten, Büchsenfleisch, Kekse und sogar Schokolade. Damit kann man es aushalten", freut sich Bruchmüller.

Die Beute wird, so gut es geht, aufgeteilt.

In einem Keller finden die Landser einige verängstigte französische Frauen. An ihren Gesichtern kann man genau erkennen, dass sie nicht begeistert sind, nun wieder in deutschen Händen zu sein. Sicher hatten sie bereits die Hoffnung, dass die Alliierten die Deutschen bald aus ganz Caen vertrieben hätten.

Bergner und Bruchmüller reichen ihre Schokolade und Kekse an zwei Frauen, die kleine Kinder in den Armen halten.

„Merci, mon capitaine!", erwidern die jungen Frauen und schauen nun schon etwas freundlicher.

„Nichts zu danken", meint Bergner ruhig und winkt ab.

Er begibt sich wieder zu seinen Männern, die eifrig am Ausbau der Stellung arbeiten.

Er nagt nervös an seiner Unterlippe und setzt sich auf den Boden, den Rücken an die Wand einer Hausruine gelehnt. So ist es bei ihm immer nach einem überstandenen Angriff und so wird es wohl auch bleiben.

Er hebt den Kopf und murmelt halblaut: „Und es wird doch immer wieder Tag."

Ein Oberfeldwebel kommt um die Ecke und meldet.

„Vier Tote und sechs Verwundete, Herr Hauptmann."

Bergner nickt und bedankt sich bei dem Oberfeldwebel. Er fühlt sich unendlich müde und erschöpft.

Bergner schreckt auf. Er war tatsächlich im Sitzen eingeschlafen. Aus verschlafenen Augen sieht er Major Wolff auf ihn zukommen.

Schnell erhebt er sich.

„Warum sind Sie denn nach vorn gekommen, Herr Major?"

„Ich habe mir Sorgen gemacht und muss doch wissen, was mit Euch hier vorne los ist, Bergner."

„Nichts, Herr Major. Die Angst trieb uns einfach nach vorn. In unserer alten Stellung hätten sie uns früher oder später zusammengetrommelt."

„Ihr Entschluss war goldrichtig, Bergner. Aber wenn der Feind sich wieder gefasst hat, dann wird er hier als erstes angreifen!"

Hauptmann Bergner setzt ein verschmitztes Lächeln auf.

„Dann gehen wir einfach wieder auf unsere alte Stellung zurück, Herr Major."

„Nicht schlecht, Bergner. Von der Panzerlehrdivision wurden uns übrigens zwei der neuen Tiger II zugesagt. Mal schauen, ob sie auch ankommen. Sollten sie tatsächlich eintreffen, dann werde ich sie an der Straßenkreuzung aufstellen lassen. Dann können die

Ihnen guten Feuerschutz geben, wenn Sie zurück müssen.“

„Das ist gut, Herr Major.“

„Halten Sie die Augen und Ohren offen, mein Lieber. Hier ist allerhand los.“

Bergner versucht zu grinsen. Es wird jedoch nur eine Grimasse daraus.

„Jawohl, Herr Major.“

Er verlässt zusammen mit dem Major die Hausruine und die beiden Offiziere verabschieden sich.

Hauptmann Bergner lehnt sich anschließend, zusammen mit Lemm und Bruchmüller an eine Trichterwand.

„Es wird bald wieder losgehen, Herr Hauptmann“, bemerkt Leutnant Lemm lakonisch.

„Dann gehen wir einfach wieder zurück. Sollen sie doch ihre eigene Stellung zertrommeln. Was kümmert es uns.“

„Und die Zivilbevölkerung, Herr Hauptmann? Man müsste sie irgendwie zurückbringen“, meint Lemm.

„Schöne Idee, Lemm. Aber wie wollen Sie das anfangen?“, fragt Bergner interessiert.

Leutnant Lemm überlegt kurz und sieht sich um.

Dann meint er entschlossen: „Hier durch das Trümmerfeld bis an den Rest des Obstgartens. Dort beginnt ein Laufgraben, der mal von der schweren Flak ausgehoben wurde. Ich würde es mir zutrauen, die Zivilisten heil zurückzubringen.“

Bergner nickt zustimmend und zeigt sich mit dem Plan des Leutnants einverstanden.

Zuerst blicken die Franzosen den deutschen Offizier erstaunt und ängstlich an. Leutnant Lemm erklärt ihnen jedoch ungeschminkt in seinem besten Schulfranzösisch, was den Zivilisten bevorstehen wird. Ein älterer Franzose nickt mit dem Kopf und stimmt zu.

Als die Gruppe sich auf den Weg macht, meint Bergner noch: „Aber schnell, Lemm. Bringen Sie die Leute nach hinten und dann rasch wieder zurück. Verstanden?"

Die Gruppe besteht zum größten Teil aus Frauen und Kindern. Einige alte Männer sind dabei. Sie stolpern durch die Trichter und den zerpflügten Obstgarten und laufen schließlich unbehelligt durch den Laufgraben und sind in Sicherheit.

Auf dem Rückweg bleibt Lemm wie angewurzelt stehen. Direkt vor ihm bewegen sich drei Kanadier. Sie müssen irgendwo durch die Front gesickert sein und befinden sich wahrscheinlich auf Spähtrupp. Sie haben ihn noch nicht bemerkt. Er rutscht hinter eine halb zusammengestürzte Mauer in Deckung. Vorsichtig blickt der Leutnant über die Mauer. Die Kanadier scheinen sich ebenfalls zu beratschlagen, denn sie ducken sich und stecken die Köpfe zusammen.

Leutnant Gerhard Lemm überlegt, was er machen soll. Schießen oder drei Gefangene machen?

Die drei Feindsoldaten hocken noch immer unschlüssig im Schutz mehrerer dichter Sträucher und Bäume.

Der junge Leutnant pirscht sich näher heran. Blitzartig springt er entschlossen hoch und bringt seine MP 40 in Anschlag.

Dann brüllt er: „Hands up!"

Die drei Kanadier erstarren. Sie sehen in das entschlossene Gesicht des jungen Deutschen und auf die schussbereite Maschinenpistole.

Erst fällt eine, dann die beiden anderen Sten MP klappernd zu Boden.

„Los!", befiehlt Lemm und weist mit dem Lauf seiner Waffe in die Richtung, die die Gefangenen gehen sollen.

Mit erhobenen Händen trotten die überrumpelten Kanadier vor ihm her. Lemm sammelt schnell die drei britischen Waffen ein. Der Leutnant kennt den Weg zum Bataillonsgefechtsstand gut. Sie brauchen nicht lange zu laufen.

Der Posten vor dem Gefechtsstand reißt erschrocken die Augen auf, als er die Kanadier auf sich zukommen sieht.

Der junge Offizier liefert die drei Soldaten ab. Major Wolff, der ebenfalls wieder im Gefechtsstand ist, klopft dem jungen Offizier anerkennend auf die Schulter.

„Das haben Sie gut gemacht, Leutnant Lemm. Ich werde es Ihrem Chef durchgeben. Seit einer halben Stunde funktioniert das Feldtelefon wieder. Aber jetzt erstmal wieder ab zu Ihrem Zug."

Lemm grüßt und klettert aus dem Bataillonsgefechtsstand.

Nach einer halben Stunde kann er sich wieder bei Hauptmann Bergner zurückmelden.

Bergner schüttelt den Kopf, als Lemm mit seinem Bericht zu Ende ist.

„Und ich habe mir schon Sorgen gemacht", sagt er erfreut.

„Es war reiner Zufall, dass mir die Burschen über den Weg gelaufen sind. Ich durfte ihre Maschinenpistolen sogar mitbringen. Schöne Dinger. Die können wir bestimmt gut gebrauchen, Herr Hauptmann."

Während Lemms Abwesenheit ist die Kompanie wieder zurückgegangen. Kaum zu früh, denn jetzt fängt die alliierte Artillerie wieder an zu trommeln und zerstampft ihre eigene, alte Stellung.

Hauptmann Bergner beobachtet seine Männer der Reihe nach. Die Alten werden immer weniger. Die Gräber der Gefallenen seiner Kompanie sind über halb Europa verteilt. Hier scheint es nun den Rest zu treffen.

Dann blickt er in die Augen des Grenadiers, der neben ihm im Schützengraben steht und das Vorfeld beobachtet. Gerade wendet er seinen Blick verunsichert zum Offizier.

„Wie ist Ihr Name, Soldat, und wie alt sind Sie?", fragt Bergner den jungen Soldaten.

„Grenadier Peter Genz, Herr Hauptmann. Ich werde 18."

„Wann?"

„Im nächsten Jahr", stottert der junge Landser und kann nicht verhindern, dass er rot wird.

„Wie lange bist Du bei der Kompanie, Genz?"

„Sechs Wochen, Herr Hauptmann!"

„Hm, dann bist Du ja schon ein alter Krieger geworden, nicht wahr?"

Der junge Soldat schaut seinen Kompaniechef aus verunsicherten und verstörten Augen an: „Ich weiß nicht. Wie lange wird der Krieg noch dauern, Herr Hauptmann?"

Bergner zuckt mit den Achseln.

„Das weiß ich auch nicht, Genz."

Das Gesicht des blutjungen Grenadiers wird noch ratloser.

Rasch fügt er tröstend hinzu: „Aber Du darfst Dich nie selbst aufgeben. Selbst dann nicht, wenn Du in den Trümmern von Caen liegst."

Ein wilder Feuerwirbel rast in diesen Minuten auf die deutschen Stellungen zu. Unaufhörlich schlagen nun die schweren Granaten in die Stellungen der Kompanie ein.

Über Caen tobt die Artillerieschlacht erneut in voller Stärke. Die Keller und Schützengräben beben in ihren Grundfesten.

Lemm sitzt im Keller. Dort riecht es durchdringend nach Schweiß und Blut. Er schneidet sich gerade eine Scheibe Brot ab und legt etwas Speck darauf. Dann sieht er die hungrigen Augen eines Mädchens. Wortlos reicht er ihr das Brot und den Speck.

In diesen Minuten dröhnt in unmittelbarer Nähe eine schwere Explosion. Staub und beißender Pulverdampf dringen in den Keller ein. Gleich darauf poltern dicke Gesteinsbrocken die Treppe herunter und verschütten den Ausgang. Die Kerzen beginnen zu flackern und erlöschen.

30 Menschen, Deutsche und Franzosen, wagen nicht mehr zu atmen. Sie sitzen in einer grässlichen Falle und sind lebendig begraben. Nur wenig Luft steht ihnen zur Verfügung. Eine französische Frau schreit schrill auf. Dumpfe, bebende Detonationen lassen den Keller weiter erzittern.

„Ruhe bewahren!"

Die Stimme von Leutnant Lemm durchdringt die Dunkelheit im Keller.

„Zündet nur eine Kerze wieder an. Wir müssen Sauerstoff sparen. Die muss reichen."

Die Kerze wird mit einem Streichholz angezündet und flackert unruhig.

Keuchend beginnen die Männer zu arbeiten. Ein Franzose packt mit an. Doch immer neue Steinmassen rutschen nach. Der Schweiß rinnt den Männern in Bächen den Körper hinunter. Ohne Pause schuften sie weiter.

Plötzlich spüren sie einen frischen Luftzug und nach weiteren zehn Minuten haben sie es geschafft. Der Eingang ist wieder frei.

Vor der Kellertreppe befindet sich ein riesiger Krater.

Die Landser heben ruckartig den Kopf, denn ein neuer Ton dringt an ihre Ohren. Es sind hellere, peitschende Töne. Plötzlich brechen in der gegnerischen Stellung Einschlagsfontänen auf. Eigene, leichte und mittlere Artillerie sowie Achtacht-Flugabwehrgeschütze erwidern nun das Feuer. Es zischt, heult und dröhnt. Abschüsse sind von den Einschlägen kaum noch zu unterscheiden.

„Unsere Artillerie ist endlich aus dem Winterschlaf erwacht. So müssten sie immer schießen", jubelt Bruchmüller.

Hauptmann Bergner weiß jedoch, dass das nicht möglich ist. Er hatte vor einiger Zeit, als er bei der Division war, die Nachschubstraßen gesehen. Verbrannte Fahrzeuge, zerschlagene Geschütze und von Jagdbombern abgeschossene Panzer waren überall zu finden. Bei Tag ist es nahezu unmöglich, größere Truppenbewegungen durchzuführen. Die allgegenwärtigen Jabos unterbinden Fahrzeugbewegungen bis weit in das Hinterland hinein.

Nun jedoch schlägt die deutsche Artillerie zurück. Das gibt den deutschen Landsern etwas Auftrieb. Von ganz hinten orgeln nun sogar die schweren Granaten der Heeresartillerie heran. Die schweren Brocken hämmern in die feindlichen Artilleriestellungen ein. Das Feindfeuer lässt nun merklich nach. Schon wollen die deutschen Grenadiere aufatmen, da geben die Posten in der gegenüberliegenden Ruine Alarm.

„Die Tommies kommen!"

„Alles raus!"

Sie werfen sich hinter die kümmerlichen Reste der Deckungen. Maschinengewehre beginnen zu hämmern. Von der Straßenkreuzung schieben sich nun zwei riesige Stahlungetüme heran. Die zwei zugesagten Tiger II, von den Alliierten ehrfürchtig King Tiger – Königstiger – genannt, schieben sich nach vorn.

Aus ihren Mündungen zischen feurige Zungen. Berstendes Krachen erfüllt die Luft. Bergner liegt neben dem jungen Grenadier Genz am oberen Rand eines Granattrichters und jagt Schuss auf Schuss aus seiner Maschinenpistole. Genz feuert unablässig aus seinem Karabiner. Deutlich sehen sie die braunen Gestalten, die sich auf die deutschen Stellungen vorarbeiten. Mehr und mehr der Angreifer bleiben im Vorfeld liegen. Aber schon schiebt sich die zweite Welle der 2. Kanadischen Infanteriedivision über die Trümmer hinweg.

„Panzer von vorn!“, erschallt der Warnruf.

„Verdammt! Das geht schief“, fürchtet Leutnant Lemm.

Schon sehen die Landser die Stahlkolosse. Sie zählen zehn, zwölf, 20 Churchill-Panzer. Immer mehr tauchen auf. Die beiden Panzerkampfwagen VI Ausführung B. feuern, was ihre Rohre hergeben. Beinahe jeder Schuss ist ein Treffer, denn die kanadischen Panzer fahren dicht aufgeschlossen. Das Schuttgelände erlaubt keinen aufgefächerten Einsatz. Qualmende und auseinander berstende Panzerwracks kennzeichnen nach kürzester Zeit den Weg der kanadischen Panzerabteilung. Die Schüsse der Churchills prallen jedoch wirkungslos an der schrägen, 185 Millimeter starken Frontpanzerung ab.

Trotz der immensen Verluste der feindlichen Angriffstruppen, geben sie sich noch nicht geschlagen.

Die feindliche Infanterie hat sich bereits auf Handgranatenwurfweite herangearbeitet. Die Grenadiere richten sich auf und schleudern den Angreifern ihre Stielhandgranaten entgegen. In der Hölle der Abwehrschlacht verspüren sie keine Angst. Der reine Überlebenswille regiert. Torkelnd fliegen die Handgranaten zu den Kanadiern herüber und zerplatzen mit dumpfem Puffen. Schreie ertönen und gehen im rasenden Abwehrfeuer der Waffen unter. Dazwischen knallen noch immer die Panzerkanonen auf beiden Seiten.

Neben Hauptmann Bergner bricht der Grenadier Genz zusammen. Bergner bückt sich und der junge Soldat schaut ihn verwundert an.

„Ich glaub, mich hat es erwischt, Herr Hauptmann!"

Der Offizier zieht den jungen Mann in eine andere Deckung.

„Wo? Lass mal sehen."

Genz zeigt auf seine rechte Brustseite.

„Hier sticht es so."

In aller Eile öffnet der Kompaniechef die Feldbluse des jungen Soldaten. Ein Splitter ist ihm in die Lunge gedrungen.

„Heimatschuss?", fragt der junge Landser ängstlich.

Trotz des Ernstes der Lage muss der Hauptmann kurz auflachen.

„Ja, Heimatschuss. Kannst Du laufen?"

Genz rappelt sich vorsichtig auf, schwankt, aber steht. Sein Keuchen ist deutlich zu hören.

„Versuch zum Bataillon durchzukommen. Berichte dem Major, was hier los ist. Lauf und sieh zu, dass Du durchkommst. Mach es gut, Kleiner."

Grenadier Peter Genz nimmt all seine Energie zusammen und läuft geduckt los.

Ein Lazarett mit sauber bezogenen Betten, mit gutem Essen, die Heimat selbst ist in greifbarer Nähe.

Er spürt das scharfe Stechen in der Brust. Dennoch läuft er immer weiter. Es geht, muss gehen, denn der Hauptmann hat schließlich befohlen, Bericht zu erstatten.

Mit zusammengebissenen Zähnen kämpft er immer wieder gegen die drohende Ohnmacht an.

Von rechts fegt Maschinengewehrfeuer zwischen den Ruinen hindurch. Landser gehen zurück. Eine andere Kompanie geht dafür vor.

Genz schafft es tatsächlich. Er ist am Ende seiner Kräfte, als er vor dem Bataillonskommandeur steht.

„Herr Major, Hauptmann Bergner meinte, ich soll melden, die Kanadier greifen mit vielen Panzern an. Der Gegner liegt dicht vor unseren Stellungen, wenn keine Hilfe kommt, dann…"

„Schon gut. Hast Du nicht das Reservebataillon unserer Division vorgehen sehen?"

„Doch, Herr Major. Aber rechts ist der Gegner durchgebrochen."

Nun sackt der junge Grenadier zusammen und fällt in Ohnmacht.

Er merkt nicht mehr, dass ein Arzt sich um ihn kümmert und er zurück gebracht wird.

Vorn sieht Bergner, dass die linke Nachbarkompanie langsam zurückweicht.

Er sucht den Kompanietruppführer und ruft: „Feldwebel Schulschenk!"

Schüsse pfeifen ununterbrochen hin und her.

„Schulschenk ist tot", meint Unteroffizier Bruchmüller durch das Kampfgetöse ungerührt. „Kopfschuss, Herr Hauptmann."

„Bruchmüller, dann nimm Du den zweiten Zug und riegle nach links ab. Nicht, dass die Kanadier in unseren Rücken kommen. Schick einen Melder zu den Tigern. Einer von denen soll ebenfalls nach der Einbruchstelle hin abriegeln. Verstanden?“

„Jawoll, Herr Hauptmann.“

„Dann, ab dafür. Jede Sekunde zählt.
Mach flinke Füße.“

Schweigend deutet Bruchmüller nach hinten.

Bergner atmet auf. Er sieht das Reservebataillon zum Gegenstoß antreten.

„Na, dann kann doch eigentlich nichts mehr schiefgehen“, murmelt er vor sich hin.

Der Gegner geht langsam zurück. Es wird höchste Zeit, denn der blutige Tag neigt sich langsam seinem Ende. Hoffentlich werden sie dann in der Nacht etwas Ruhe haben.

Die Zugführer geben ihre Verlustmeldungen ab. Als Hauptmann Wilhelm Bergner die Namen der Gefallenen hört, scheint er schlagartig um Jahre zu altern.

Leutnant Lemm kommt und meldet sich.

„Herr Hauptmann, wir können die Kompanie in zwei schwache Züge zusammenfassen. Wir haben noch einen Unteroffizier, sechs Obergefreite und 43 Grenadiere.“

„Gut, veranlassen Sie alles Notwendige, Herr Lemm.“

Bergner fühlt sich müde und zerschlagen. Am liebsten würde er schlafen, nichts als schlafen. Aber da sind noch die Meldungen, die ans Bataillon müssen. Meldungen über Grabenstärke, Verluste und Munitionsbestand.

Wenn nur dieser Papierkrieg nicht wäre. An zu Hause müsste er auch mal wieder schreiben. Die Mutter wird sicherlich tausend Ängste ausstehen, aber heute wird es wohl eher nichts mehr. Dazu ist es schon zu spät.

Morgen, ja, morgen wird er bestimmt schreiben. Aber ob er den morgigen Tag noch erleben wird? Kann nicht jede Minute die letzte des Lebens sein?

Die Nacht bricht an. Wieder eine Nacht voll unruhigem Schlaf. Draußen hocken die beiden Obergefreiten Blänsdorf und Peters in einem Trichter. Der eine von ihnen stammt aus Westpreußen und der andere aus dem holsteinischen Raum.

Blänsdorf räuspert sich.

„Ich hätte gern einmal gewusst, wie wir eigentlich dazu kommen, uns hier herum zu treiben."

„Aber sonst hast Du keine Sorgen?", knurrt Peters.

Er sucht seine Zigarette, die er, ohne sie anzuzünden, zwischen die Lippen schiebt. Sie anzuzünden wäre glatter Selbstmord gewesen. Aber eine kalte Zigarette schmeckt auch nicht. Auf einmal wird er hellhörig. Klappert da draußen im Niemandsland nicht irgendwas? So, als ob Metall gegen Stein geschlagen ist?

„Pass auf, Micha!"

Da ist es wieder. Ein schabendes und kratzendes Geräusch. Ein mühsam unterdrückter englischer Fluch folgt. Ganz leise nur, wie der Hauch des Nachtwindes.

„Hörst Du?", flüstert Albert.

„Ja! Ich gebe Alarm!"

Blänsdorf stürzt in den Keller.

„Der Tommy bewegt sich auf unsere Linien zu, Herr Hauptmann!"

„Alles raus!", befiehlt dieser.

Zischend steigt eine Leuchtkugel in den dunklen Nachthimmel.

„Genau vor uns liegen sie!"

Das sind keine 20 Meter mehr. Handgranaten fliegen und rasend fallen Maschinengewehre ein. Wilde Flüche, laute Aufschreie klingen herüber. Der ganze Spuk dauert keine zehn Minuten. Dann herrscht wieder Totenstille. Eigenartig, dass sich die britische Artillerie nicht rührt.

Die Landser lauschen angestrengt in die Nacht und halten den Atem an. Klagt und ruft dort nicht jemand? Blänsdorf presst ein Ohr an den Boden. Richtig, jetzt hört er es ganz deutlich.

„Help! Help!"

„Herr Hauptmann, dort vorn leben noch welche. Mindestens einer! Kann ich raus?"

„Nicht allein!"

Der Grenadier Bruno Dickow schiebt sich vor.

„Ich gehe mit!"

„Gut, lasst das Koppel, die Gasmaskenbüchse und den Stahlhelm hier. Die Pistole behaltet Ihr in der Hand", befiehlt Hauptmann Bergner und übergibt Blänsdorf seine P 38.

Der Grenadier Dickow bekommt ebenfalls eine P38 ausgehändigt und schon schieben sie sich lautlos über den Trichterrand. Sie kriechen Meter um Meter nach vorn. Jetzt hebt Blänsdorf den Kopf und lauscht in die Stille der lauen Nacht.

Da ist es wieder.

„Help! Help!"

Der Verwundete muss ganz dicht vor ihnen liegen. Sie stoßen zunächst nur auf Tote. Doch dann finden sie den Mann. Er fiebert, merkt aber schnell, dass Hilfe gekommen ist.

„Water. Water", keucht er.

„Immer mit der Ruhe", brummt Blänsdorf und untersucht den Verwundeten schnell.

„Brustdurchschuss", stellt er fest. „Los, wir ziehen ihn das kurze Stück hinter uns her."

Schwitzend erreichen sie wieder die eigene Stellung. Der Kanadier wird auf eine Trage gelegt und dann bringen ihn zwei Grenadiere zum Bataillon.

Gegen Mitternacht kommt tatsächlich die Essensträgerkolonne nach vorn durch. Zum Glück ist es nun wieder ruhig an der Front.

„Verschwindet lieber gleich wieder, ehe es hier wieder lebhafter zugeht", befiehlt Bergner dem Hauptfeldwebel.

Glücklich, der Front wieder rasch den Rücken kehren zu dürfen, ziehen die Träger schnellsten wieder ab. Die Grenadiere, die nicht auf Posten stehen, stürzen sich im stickigen Keller oder in anderen Unterständen heißhungrig auf das Essen.

„Mit vollem Magen lässt sich so einiges viel leichter ertragen", meint Bruchmüller. Er sieht die anderen an, aber keiner sagt etwas dazu.

Der Hauptmann blickt auf seine Armbanduhr. Es ist fünf Minuten nach Mitternacht. Dann blickt er ruckartig auf. Klang das nicht eben wie ferne Abschüsse? Und schon schreit der Posten die Kellertreppe herunter.

„Achtung, sie schießen wieder!"

Dass damit drei höllische Tage anbrechen, in denen die 272. Infanteriedivision zum Sterben verurteilt sein wird, kann in diesen Sekunden noch niemand ahnen.

Dann braust es wie ein urzeitliches Gewitter unheilverkündend heran. Hageldicht fallen die Granaten vom Himmel. Es orgelt und dröhnt, heult und jault, donnert und kracht. Die gemarterte Erde wankt unaufhörlich.

Gegen Mittag wird das Artilleriefeuer schwächer und hört schließlich ganz auf. Die Landser in ihren

Erdlöchern, Laufgräben und Unterständen atmen auf. Die eintretende Ruhe martert die Ohren und Nerven. Unwirklich wirkt die Stille. Doch sie dauert nicht lange. Die deutschen Soldaten vernehmen ein hundertfaches Brummen in der Luft. Sie blicken in den Himmel und da sehen sie die unzähligen mittelschweren amerikanischen Bomber. Sie öffnen die Bombenschächte und lassen ihre Bomben auf die deutsche Front zwischen Caen-Colombelles und Touffréville-Troarn regnen.

Rauschend gleiten die Bomben aus den Schächten. Die erste Welle bombardiert bis zum Bahndamm Caen-Vimont und dabei auch die Dörfer Cagny, Émiéville und Troarn. Die zweite Welle, zehn Minuten später, legt ihren Bombenteppich auf die Ortschaften Frénouville, Cormelles, Bras, Tilly-la-Campagne, Hubert-Folie, Bourguébus und Verrières.

Unten auf der Erde befinden sich in diesem Raum die 272. Infanteriedivision, die 1. SS-Panzerdivision Leibstandarte Adolf Hitler und die 346. Infanteriedivision.

Das Bombardement muss mit brachialer Gewalt auf die angegebenen Ziele durchgeführt werden, um den alliierten Sturmtruppen eine Bresche in die deutsche Front zu schlagen. Weitere massive Verluste der alliierten Sturmtruppen an Menschen und Material waren nicht mehr vertretbar. Durch die so geschlagene Bresche soll das VIII. Britische Korps dann mit der 11. und der 7. Panzerdivision durchstoßen. In Caen selbst soll das II. Kanadische Korps angreifen. Die Hauptlast des Angriffs trägt dort wie in den vorangegangenen Tagen die 2. Kanadische Infanteriedivision.

„Fliegeralarm!"

Hauptmann Bergner stürzt die Kellertreppe hoch und starrt nach Nordwesten. Der Himmel ist voller Flugzeuge. Von Nordwesten anfliegend, drehen sie gerade über der Orne nach Süden ab.

„Wenn sie nicht weiter nach Südwesten einschwenken, dann gilt dieser Angriff nicht direkt Caen. Sie werden wohl versuchen, die Front ostwärts von Caen aufzureißen", denkt der Hauptmann.

„Sie laden ab, Herr Hauptmann!", ruft der Unteroffizier Bruchmüller und deutet mit seiner rechten Hand nach oben.

Das Rauschen der Bomben ist jetzt sehr deutlich zu hören. Bergner sieht auf seine Uhr. Das Ziffernblatt leuchtet schwach auf. Es zeigt genau 07:30 Uhr. Hauptmann Bergner reißt sich aus seiner Erstarrung.

„Alle Stellungen sofort besetzen!", befiehlt er mit rauer Stimme.

Die Landser legen sich hinter ihre Waffen. Munitionskästen werden aus den Kellern herausgereicht. Die Maschinengewehre werden geladen und schussbereit gemacht. Die Grenadiere legen sich Stielhandgranaten bereit und machen sie wurffertig.

Bergner fühlt, wie sein Herz bis zum Hals schlägt. Das Rauschen der fallenden Bomben steigert sich von Sekunde zu Sekunde. Und dann scheint plötzlich die Hölle aufgebrochen zu sein. Die Erde beginnt zu schwanken und zu zittern.

Ruinenreste, Kamine und Mauern stürzen unter Getöse ein. Verängstigte Zivilisten flüchten schreiend aus den Kellern in das Freie.

„Oh mein Gott! Dort drüben!", schreit der Obergefreite Blänsdorf gegen das Inferno.

Der Anblick der zweiten, noch gewaltigeren Bomberwelle lässt ihnen das Blut in den Adern zu Eis gefrieren.

Noch immer schüttelt sich die gequälte Erde unter den Bomben der ersten Welle. Schwarze Detonationen stehen am Ostrand der Stadt Caen. Heller Feuerschein flackert hinter den wenigen noch stehenden Ruinen der normannischen Stadt.

„Die zweite Welle dreht nach Süden ein!"

„Ich sehe es", antwortet Bergner mit belegter Stimme. Seine Augen brennen, aber dennoch wagt er es zu keinem Augenblick, die zweite Bomberwelle aus den Augen zu lassen. Wieder beginnt das Nerven zehrende Rauschen der herab fallenden Spreng- und Brandbomben. Es ist ein drohendes, tödliches Geräusch. Den Landsern steht das pure Entsetzen in den Gesichtern geschrieben.

Irgendwann ist es soweit und der letzte Bomber dreht ab.

Träge und behäbig ziehen Rauch und Qualm über die Ruinenstadt hinweg.

Das Gedröhn der Bombermotoren wird zunehmend leiser. Doch den deutschen Verteidigern wird keine Atempause gegönnt. Beinahe übergangslos beginnt nun die Artillerie des VIII. Britischen Korps zu feuern.

„Da die letzten Bomben hart südwestlich von Caen gefallen sind, also beinahe in ihren Rücken, soll die Ruinenstadt wohl umgangen werden", geht es dem Kompaniechef durch den Kopf. Eine andere Schlussfolgerung ist kaum möglich.

Die britischen und kanadischen Granaten pflügen wohl zum hundertsten Mal die gemarterte Stadt um. Der zermahlene und zerstampfte Staub aus Stein, Beton und Mörtel erschwert den Landsern das Atmen und lässt die Kehlen austrocknen. Von Südwesten her greift jetzt die eigene Artillerie in das Gefecht ein. An der großen, nach Süden durch Vaucelles führenden Straße beginnt die schwere Achtacht-Flak in das Höllenkonzert mit einzustimmen. Ihre Granaten zischen tief über die Köpfe der Verteidiger hinweg und schlagen mit peitschendem Knall in die gegnerischen Stellungen ein.

Das erbitterte Artillerieduell neigt sich seinem Höhepunkt entgegen.

Im Südosten brennen die kleinen Dörfer und Gehöfte rund um Caen. Die schwarzen und braunen Brandwolken bilden eine schaurige Kulisse zu diesem schaurigen Theater, in dem der Tod reiche Ernte auf beiden Seiten hält.

Hauptmann Bergner ist mehr als froh, dass das Bombardement seine Männer nicht direkt getroffen hat. Dennoch kann er sich sehr gut vorstellen, wie es in den anderen Abschnitten aussehen wird.

„Sie kommen!", schreit ein Landser gegen den Lärm der detonierenden Granaten.

Drüben erheben sich die ersten Sturmreihen der Angreifer. Sie arbeiten sich geschickt gegen die deutschen Linien vor.

Sherman-Panzer tauchen auf und ihre 7,62 cm Panzerkanonen streuen die deutschen Stellungen ab.

„Rote Leuchtkugel, Bruchmüller! Sperrfeuer anfordern!", ruft der Hauptmann und macht seine MP 40 bereit.

Knallend zerplatzt das Signalzeichen am Himmel und eine Minute später liegt das gut geleitete Sperrfeuer in den vorgezeichneten Räumen.

Die deutsche Batterie bei Cormelles feuert bis 20 Meter vor die eigenen Linien.

„Ruhig bleiben, Männer!", schreit Bergner und merkt selbst, wie ein Zittern durch seine Glieder fährt.

Es ist jedoch kein Zittern vor Angst, sondern ein innerliches Erschaudern vor dem Ungewissen.

„Hättest Du nur gestern noch an Mutter geschrieben", geht es dem Kompaniechef plötzlich durch den Kopf. Schnell schüttelt er den Gedanken wieder ab.

Das Sperrfeuer liegt hart am Orneufer. Genau das versuchen die Kanadier gerade zu überwinden.

Doch auch auf den deutschen Stellungen liegt das alliierte Artilleriefeuer mit unverminderter Stärke. Bergner hat den Eindruck, dass es sich sogar noch steigert.

Er riskiert dennoch einen kurzen Blick über den Rand seiner Deckung und sieht, dass die Angreifer schwer unter den deutschen Artillerieeinschlägen zu leiden haben. Er erkennt aber auch, dass sie trotzdem langsam an Boden gewinnen.

Sein Blick schweift ab zu seinen Männern. Sie liegen links und rechts von ihm in ihren Deckungslöchern oder kauern abwehrbereit in Granattrichtern. Er weiß, dass seine Männer auf ihn vertrauen. Er kennt die meisten von ihnen aus unzähligen Gefechten in Ost und West mit seiner früheren 216. Infanteriedivision, bevor sie durch den Fleischwolf der Ostfront gedreht wurden und man die Reste zur Aufstellung der 272. Infanteriedivision nutzte. Einige seiner Männer suchen seinen Blick und genau deshalb darf seine Stimme nicht zittern, sein Gesicht nicht eine Sekunde lang Unsicherheit oder Unentschlossenheit zeigen.

Er kramt seine Schachtel Zigaretten hervor, angelt sich eine heraus und wirft sie dann zu Unteroffizier Bruchmüller.

Er grinst und meint trocken: „Rauch, die Tommies bringen uns bald neue!"

Die umliegenden Grenadiere atmen auf. Wenn der Kompaniechef noch Witze machen kann, dann kann es doch gar nicht so schlimm sein.

Die Zigarettenschachtel wird von Deckung zu Deckung geworfen. Die Feuerwand aus Rauch und Tod verlegt sich nach hinten und pflügt nun das deutsche Hinterland um.

Die Zigaretten hängen den Männern schräg in den Mundwinkeln und ihre Hände umklammern die Waffen schon bedeutend ruhiger als vorher.

Hauptmann Bergner sieht plötzlich die erste Gruppe der Kanadier keine 20 Meter vor ihm die Straße überqueren.

„Feuer frei!"

Gellend durchdringt seine Stimme das Toben der Schlacht. Maschinengewehre beginnen zu rattern, die Schüsse der K 98 peitschen auf. Dazwischen die kurzen Garben der Maschinenpistolen.

Mit völliger Klarheit erkennt Bergner schon jetzt, dass er gegen diese Masse von Angreifern die Stellung nicht wird halten können. Über Reserven macht sich der Offizier jedoch keine Illusionen. Es wird keine mehr geben.

Also muss er das Beste aus dem machen, was er hat.

„Unteroffizier Bruchmüller!"

„Herr Hauptmann?"

„Lösen Sie von jedem Zug eine Gruppe heraus und gehen Sie unten an der Straßenkreuzung bei den Tigern in Auffangstellung. Es kann möglich sein, dass wir zurückgehen müssen. Dann geben Sie uns Feuerschutz. Aber verlieren Sie keine Zeit!"

„Jawohl, Herr Hauptmann!"

Und schon feuert Bergner weiter. Der Lauf seiner Maschinenpistole wird heiß. Magazin auf Magazin fällt leer geschossen zu seinen Füßen herunter. Doch immer neue Sturmwellen des Gegners branden heran. Rechts und weiter im Südosten ist das Gefecht ebenfalls in vollem Gange.

Es hört sich an, als ob die Kanadier dort schon einen Einbruch erzielt hätten.

Zwei Sherman-Panzer schieben sich durch das Trichterfeld.

„Die Panzerleute werden aufpassen", denkt sich Bergner. Die alliierten Panzer werden durch die Wracks der abgeschossenen Churchill-Panzer in ihrer Bewegung gehindert. Die deutschen Tiger II drehen nach rechts und eröffnen das Feuer.

„Panzerfäuste her!"

Keuchend schleppt Blänsdorf drei der Nahkampfwaffen heran.

Entschlossen klemmt sich Bergner eine Panzerfaust unter dem Arm.

„Komm mit, Blänsdorf!"

Sie gleiten und rutschen durch tiefe Trichter und kauern sich neben eine halb zusammengestürzte Häuserfassade.

Schon rumpelt der erste Panzer heran. Sein runder Turm dreht sich unaufhörlich nach links und rechts. Offensichtlich ist sich der Panzerkommandant noch nicht im Klaren darüber, dass er bereits kurz vor der deutschen Hauptkampflinie steht.

Ein kurzer Blick zu den Seiten und Bergner erkennt, dass keine Landser in unmittelbarer Nähe sind. Er legt die Panzerfaust auf seine rechte Schulter auf. Keine acht Meter vor ihm bleibt der Sherman stehen. Hauptmann Wilhelm Bergner drückt ab und der Sprengtopf zischt mit grellem, weißem Strahl auf den Panzer zu. Er schlägt ein und im ersten Moment ist nichts weiter, als leichter Rauch an der Einschlagstelle zu erkennen. Doch plötzlich fliegt der 30 Tonnen Sherman krachend auseinander. Stahlteile und Splitter sirren durch die Luft und vergrößern das Chaos noch.

Kaum ist die Explosion verklungen, springt der Gefreite Blänsdorf zwei Meter weiter. Er krümmt sich mitten im Sprung zusammen. Bergner erfasst dies alles mit einem kurzen Blick. Blänsdorf richtet sich wieder auf. Er richtet seine Panzerfaust auf den zweiten Sherman und drückt ebenfalls ab. Auch dieser Panzer wird vernichtet.

Als der Kompaniechef neben dem Obergefreiten niederkniet, ist Blänsdorf bereits tot. Er hatte mit letzter Energie den Panzer vernichtet.

Eine MG-Garbe zischt dicht an Bergner vorbei und zwingt ihn wieder in die Realität. Ein Querschläger trifft mit lautem „Pling" gegen seinen Stahlhelm.

Er zieht sein rechtes Bein an, schnellt hoch und jagt in Deckung. Mit einem Hechtsprung wirft er sich in ein Trichterloch.

Bruchmüller zieht ihn hoch.

„Was ist mit Blänsdorf, Herr Hauptmann?", fragt der Unteroffizier.

„Tot!", würgt Bergner hervor.

Am rechten Flügel seiner Kompanie, wo Leutnant Lemm zwei Schützengruppen um sich hat, steht der Feind dicht vor der deutschen Stellung.

Handgranaten fliegen hin und her. Sie zerspringen mit bösem Knallen.

Leutnant Gerhard Lemm wirkt merkwürdig ruhig, als Bergner sich neben ihn wirft.

„Lasst sie nicht herankommen!", brüllt der Hauptmann gegen den Gefechtslärm an und wirft selbst eine Stielhandgranate zu den Kanadiern hinüber.

Er blickt über den Grabenrand und sieht, wie einem feindlichen Tank der Turm durch einen Treffer der Tiger II weggerissen wird.

Hinter einem Mauerrest springt gerade eine Gruppe kanadischer Soldaten hervor. Noch ehe Bergner mit seiner MP feuern kann, werfen sie sich in die deutschen Stellungen.

Ein wildes und unübersichtliches Handgemenge beginnt. Die Grenadiere wehren sich mit Gewehrkolben, Spaten und Bajonetten. Bergner schießt aus der Hüfte mit seiner MP 40.

Leutnant Lemm spürt das feindliche Bajonett, das ihm seine ganze Hüfte aufreißt. Er schlägt mit seiner Maschinenpistole zu. Der Kanadier sackt getroffen zusammen. Der junge Leutnant liegt mit schmerzverzerrtem Gesicht und blutüberströmter Uniform neben ihm.

Die ganze Stellung wird langsam, aber sicher unhaltbar.

Hauptmann Bergner blickt sich um. Sechs tote Kanadier und vier tote Deutsche liegen in der Stellung.

Leutnant Lemm lehnt sich keuchend an eine Trichterwand und presst beide Hände gegen seine linke Hüfte.

Seine Lippen sind bereits blutleer und seine sonst strahlenden Augen wirken merkwürdig glanzlos. Bergner nimmt seine ganzen Verbandspäckchen und versucht, die riesige Wunde wenigstens notdürftig zu verbinden. Doch die Wunde ist einfach zu groß.

Der junge Leutnant bewegt seinen Mund, doch es kommt kein Wort über seine Lippen.

Der Hauptmann dreht sich um und brüllt im Getöse der Schlacht: „Bruchmüller, bring ihn zurück, ehe es zu spät ist!"

Bruchmüller nimmt den schwerverwundeten Leutnant auf den Rücken und wankt mit ihm davon.

Er schleppt sich bis zu den schweren Panzern und den zwei Gruppen, die vorher an die Straßenkreuzung zurückgeführt wurden und lässt den jungen Offizier dort zu Boden gleiten. Aber Leutnant Gerhard Lemm ist bereits tot.

Bruchmüller keucht vor Anstrengung und blickt nach vorn. Dort erkennt er, dass sich der Rest der Kompanie feuernd vom Gegner löst.

Immer wieder sieht er die hochgewachsene Gestalt des Hauptmanns zwischen seinen zurückgehenden Männern auftauchen.

Leider sieht er auch immer wieder, wie Kameraden im gegnerischen Feuer zusammenbrechen und liegen bleiben.

Hinter ihm stößt ein Tiger II zurück. Er dreht den Turm auf zwölf Uhr und gibt dem zurückgehenden Rest der Kompanie Feuerschutz. Auf kürzester Entfernung legt der Richtschütze des schweren Panzerkampfwagens Sperrfeuer vor die Grenadiere.

So gelingt es Bergner mit noch etwa 20 Männern an der Straßenkreuzung eine neue Riegelstellung zu beziehen.

Völlig ausgepumpt wirft sich der Hauptmann in einen großen Granattrichter. Im Augenblick drückt der Gegner nicht nach. Aber bei seiner Material- und Personalüberlegenheit wird er bald wieder zum Angriff übergehen.

Schon jetzt setzt das Feuer der feindlichen Artillerie wieder ein und überschüttet den Südteil Caens und die Vorstadt Vaucelles mit einem wütenden Eisenhagel.

„Wenn es nur bald Abend wäre", knurrt der Unteroffizier Bruchmüller. In seinem Gesicht steht die Trauer um seinen Kameraden Blänsdorf geschrieben.

Doch bis zum Abend sind es noch einige Stunden, denn gerade ist erst die Mittagszeit vorbei.

„Bruchmüller, wir igeln uns rund um die Panzer ein. Verstanden?"

„Jawohl, Herr Hauptmann."

Da springt unerwartet der Führer der beiden schweren Panzer vor Bergner in Deckung und meldet: „Herr Hauptmann, ich habe pro Panzer noch sieben Sprenggranaten und drei Panzergranaten."

Bergner sieht den jungen Panzeroberleutnant an, als ob er ihn nicht recht verstanden hätte.

„Das sind gerade einmal 20 Granaten?"

„Genau, Herr Hauptmann. Zusammen."

„Und die paar Granaten haben Sie bei einem Angriff in ein paar Minuten herausgejagt, richtig?"

„Wenn es noch so ein Angriff wird, wie eben, dann ja", gibt der Panzeroffizier ungerührt zurück.

„Was ist Ihr Vorschlag, Oberleutnant?"

„Meine Munitionsfahrzeuge stehen in der Fabrik an der Straße nach Grainville. Das sind rund 800 Meter von hier. Aber wenn ich sie auf dieser schnurgeraden Straße vorziehe, dann werden sie mit Sicherheit zusammengetrommelt, Herr Hauptmann. Mein Vorschlag wäre, bis zur Fabrik zurückzugehen. Mit den lausigen 20 Granaten kann ich Ihrer Kompanie keinen ausreichenden Feuerschutz geben!"

Hauptmann Wilhelm Bergner überlegt und kratzt sich am stoppeligen, verdreckten Kinn.

„Einverstanden. Ich verantworte das Zurückgehen. Wir werden dann im äußersten Südteil von Caen, hart nördlich der Fabrik in Stellung gehen. Wie sieht es mit dem Kraftstoff bei Ihnen aus?"

Der Oberleutnant in der schwarzen Panzeruniform mit dem Eisernen Kreuz erster und zweiter Klasse schaut den Hauptmann aus grün-braunen, wachen Augen an.

„Zwei Fässer stehen bei den Munitionsschleppern. Wenn sie nicht schon ausgebrannt sind. Wenn sie jedoch bereits zerstört sind, dann kann ich meine beiden Panzer sprengen."

„Wir wollen das Beste hoffen. Also los, dann beginnen wir mit dem Absetzen, ehe uns der Gegner erwischt."

Das kleine Häuflein klettert durch die Ruinen. Sie sind immer bestrebt, im Schutz der beiden Panzer zu bleiben. Diese müssen sich ebenfalls einen Weg durch die Trümmermassen bahnen. Die direkte Straße nach Süden wird vermieden, um nicht unnötig unter Beschuss zu geraten. Kurz vor der Fabrik stoßen sie auf einen Pionierzug, der gerade die Straße vermint.

„Sind Sie fertig?", fragt Bergner den Pionierleutnant.

„Jawohl, eben fertig geworden, Herr Hauptmann."

„Und was ist Ihr weiterer Auftrag?"

„Mich in die Front einzugliedern!"

„An welcher Stelle?"

„Hier an der Straße. Die Division rechnet damit, dass die vordersten Teile zurückgedrückt werden."

„Sind sie schon. Wir sind die Letzten!"

Die Panzer schieben sich auf den zertrommelten Fabrikhof. Die Fässer sind heil. Es waren in der letzten Nacht sogar sechs weitere Kraftstofffässer zu je 200 Litern hinzugekommen. Auch Munition ist reichlich vorhanden.

Die Panzermänner machen sich sofort an die Arbeit. Der Schweiß läuft ihnen in Bächen von den Körpern, obwohl sie von den Grenadieren tatkräftig unterstützt werden. Diese wissen nämlich ganz genau, was sie mit diesen beiden Tigern II für eine wertvolle Unterstützung haben.

Hauptmann Bergner hat sich in ein unzerstörtes Werkzeughäuschen zurückgezogen und zieht Bilanz der Kämpfe des heutigen Vormittags.

Gerade sieht er sich die Verluste an, da kommt Unteroffizier Bruchmüller mit einem völlig erschöpften Unterscharführer der 12. SS-Panzerdivision Hitlerjugend zu ihm.

„Herr Hauptmann, hören Sie sich den Unterscharführer einmal an."

„Was gibt es denn?", antwortet Bergner in einem schärferen Ton als beabsichtigt.

„Herr Hauptmann, englische Panzer stehen zwei Kilometer von hier im Osten kurz vor Vaucelles. Südlich von hier haben sie die Straße nach Falaise bereits erreicht. Mein Kommandeur, der mich geschickt hat, um seinen linken Nachbarn zu finden, schlägt vor, dass wir uns nach Westen hinter die Orne zurückziehen."

„Und wann sollen wir uns zurückziehen?", erwidert Hauptmann Bergner.

„Wenn unsere Resteinheiten hier eintreffen, Herr Hauptmann!"

„Gut, wann rechnen Sie mit dem Eintreffen?"

„In etwa einer Stunde!"

„Danke, Sie können gleich hierbleiben, es wäre sinnlos, wenn Sie den Weg nochmals machen müssten. Sie sind ja völlig erschöpft."

„Ich wurde wie ein Hase gejagt, Herr Hauptmann!"

Bergner schaut sich die Karte an. Zwischen Caen und Bavent lag der erste Bombenteppich der Amerikaner. Also wird der Gegner auch dort mit seinen Panzern durchgebrochen sein. Wenn diese jetzt schon im Südteil von Caen stehen, muss der Feind die eigene HKL von rückwärts oder auch von der Flanke her aufgerollt haben. Da er bereits die Straße nach Falaise erreicht hat, bleibt tatsächlich nur noch der Weg nach Westen oder Südwesten frei. Maltot hinter der Orne ist daher sehr gut gewählt. Also muss Fleury und Saint-André-sur-Orne rechts der Orne noch geräumt werden. In Saint-André liegt der Tross seiner Einheit.

Der Hauptmann ruft Bruchmüller herbei und beauftragt ihn, einen Melder nach Saint-André zu schicken, damit der Tross rechtzeitig über die Orne geht.

Über das Schicksal des Bataillonstabs weiß Bergner nicht das Geringste. Auch zum Regiment oder der Division hat er keinerlei Verbindung. Am liebsten würde er sich jetzt einfach hinlegen und schlafen, wenn es möglich wäre, volle vierundzwanzig Stunden. Aber es geht nicht. Er stülpt sich wieder seinen Stahlhelm auf und schaut in den kleinen Spiegel, der neben einer Waschgelegenheit hängt.

„Bin ich das wirklich noch?", denkt er erschrocken. „Bin ich wirklich erst 30 Jahre alt? Dort sieht mich doch ein alter, hohlwangiger Mann aus leeren, müden Augen an."

Er zieht die Schultern hoch. Ihn fröstelt und dabei brennt die Sonne heiß vom Himmel herab. Am liebsten würde er sein eigenes Spiegelbild mit einem einzigen Schlag zertrümmern, aber dann wäre er ja wohl schon völlig verrückt geworden.

Er wendet sich mit erschöpften Schritten ab, zögert vor der klapprigen, morschen Holztür. Richtet sich straff auf und geht mit festem Schritt hinüber zu seinen Grenadieren. Sie liegen links und rechts der Straße nach Norden, Nordwesten und Westen in Deckung. Dahinter stehen die zwei Sd.Kfz 182 Ausführung B und geben Feuerschutz, wenn nötig. Der Pionierzug bricht drei Rückzugswege durch die rückwärtige Mauer der Fabrikumfriedung. Danach setzt der Pionierleutnant seine Männer ebenfalls in der Sicherungslinie ein.

Hauptmann Bergner setzt sich in den Straßengraben, steckt sich eine Zigarette an und wundert sich, dass der Gegner so lange auf sich warten lässt. Er wird sich wohl nur äußerst vorsichtig vorwärtsbewegen.

Bergner sieht gedankenverloren den blaugrauen Dampfwölkchen nach.

„Wie kann es nur sein, dass diese kleinen weißen Wölkchen so entspannend und auch aufmunternd wirken", denkt er sich.

Grinsend muss er an seine erste Zigarette denken, die er verstohlen und heimlich in der hohlen Hand rauchte.

Seine Gedanken reißen ab und er wird wieder in die Gegenwart geschleudert. Die Alliierten verlegen ihr schweres Vernichtungsfeuer in den Südteil von Vaucelles.

Im hohen Bogen fliegt die Zigarette fort und verglimmt mitten auf der Pflasterstraße.

Einige Zivilisten flüchten in Richtung Süden. Ihre wenigen Habseligkeiten ziehen sie in einem alten Handkarren hinter sich her. In ihren Gesichtern kann man das Grauen des Krieges ablesen.

Bergner schaut nach oben und glaubt seinen Augen nicht. Ein einzelner deutscher Jäger zieht nach Norden. Es ist eine Focke Wulf 190. Ein wahrlich seltener Anblick heutzutage. Sie donnert über das flache normannische Land, doch schon kreuzen vier feindliche Jäger den Weg der deutschen Maschine.

Mit angehaltenem Atem verfolgen die Landser das tödliche Schauspiel am Himmel.

Die FW 190 kurvt ein und hängt sich hinter eines der Feindflugzeuge. Kurze Flammen züngeln aus dem deutschen Jäger. Die Männer am Boden können die trockenen Schläge der schweren Flugzeug-MG hören. Aus der Feindmaschine schlagen Flammen und sie kippt brennend zur Seite. Mit lautem Krachen zerberstet die amerikanische P 51 Mustang.

Nun wird der einzelne deutsche Jäger jedoch von drei Seiten in die Zange genommen. Wieder ist deutlich das Hämmern der Bord-MG zu hören. Die Focke Wulf versucht durch ständiges Kurven zu entkommen, doch immer wieder setzt sich eine der drei Mustangs hinter den Deutschen.

Irgendwann ist es soweit und die FW 190 zeigt deutliche Rauchentwicklung. Das Kabinendach fliegt weg und ein Bündel löst sich von der waidwunden Maschine. Augenblicke später entfaltet sich ein Fallschirm, der langsam tiefer pendelt. Er treibt genau auf die Fabrik zu, in deren Nähe die Männer um Hauptmann Bergner in Stellung liegen.

„Volle Deckung!", befiehlt der Hauptmann. „Niemand bewegt sich von der Stelle!"

Doch die drei restlichen Feindjäger drehen hart nach Norden ab und suchen sich anscheinend neue Ziele.

Kaum fünfzig Meter vor den deutschen Sicherungen landet der Flugzeugführer auf dem Boden. Er knickt zusammen, richtet sich aber gleich wieder auf und rollt seinen Fallschirm zusammen.

Er sieht die winkenden Landser und läuft auf sie zu.

„Na, noch mal Glück gehabt, was?", wird er von Hauptmann Bergner begrüßt.

„Ja, kann man wohl sagen. Viele Hunde sind des Hasen Tod. Ich bin übrigens Oberfeldwebel Adam Jansen", stellt sich der Flugzeugführer kurz vor.

„Bergner", erwidert der Hauptmann.

Der Oberfeldwebel zerrt sich seinen gelben Schal unter seiner Lederjacke etwas lockerer und nimmt die FT-Haube ab. Es kommen verschwitzte dunkelblonde Haare zum Vorschein.

„Wie komme ich am schnellsten von hier weg, Herr Hauptmann?"

„Keine Ahnung. Wir setzen uns gleich ab, später können wir dann weitersehen", erwidert Bergner. Er lächelt, als er das erstaunte Gesicht des jungen Luftwaffenoberfeldwebels sieht.

Der Flugzeugführer zieht eine zerknautschte Zigarettenschachtel aus seiner Lederjacke, bietet dem Hauptmann ebenfalls eine an und meint: „Sind Sie dann die Letzten am Feind?"

„Sieht so aus."

„Meine Güte, da bin ich ja vom Regen in die Traufe gekommen. Na ja, ich denke, dass ich mit einem Karabiner noch umgehen kann. Aber mehr dürfen Sie von mir nicht verlangen."

Trübsinnig schüttelt er den Kopf.

Der Luftwaffensoldat begibt sich nach hinten.

Die übrigen Landser grinsen über den jungen Flieger.

Im Osten tobt das schwere feindliche Artilleriefeuer mit unveränderter Heftigkeit weiter. Dann tastet sich die gegnerische Artillerie langsam gegen das Fabrikgelände vor.

Der Oberfeldwebel springt auf.

„Haben Sie hier nicht so was wie einen bombensicheren Keller, Herr Hauptmann. Ich bin dieses Geknalle nicht gewohnt."

Einer der Pioniere reicht ihm wortlos einen überzähligen Stahlhelm.

Ebenso wortlos setzt der Luftwaffensoldat ihn schnell auf.

Von Westen kommen nun Soldaten angehastet. Es sind Reste einer Kampfgruppe der 12. SS Panzerdivision unter einem Obersturmführer.

„Wir sind die Letzten, Herr Hauptmann!"

„Ist das alles, was Sie zurückbringen konnten?"

Tiefe Niedergeschlagenheit breitet sich auf dem Gesicht des jungen Offiziers aus, dann nickt er.

„Alles, Herr Hauptmann."

„Wissen Sie, wie Ihr Auftrag lautet?"

„Jawohl, wir sollen uns bis hinter die Orne zurückziehen."

„Schön, dann brechen wir auf."

Die Gruppe muss sich beeilen, denn die ersten schweren Lagen der britischen Artillerie beginnen eben den Nordteil der Fabrik systematisch zu zerstampfen. Die Panzer setzen sich mit klirrenden Ketten in Bewegung. Sie walzen auf die Eisenbahnbrücke zu, die hart westlich von Maltot die Orne überquert.

Glücklicherweise ist die Brücke noch befahrbar, auch wenn sie an einer Stelle bereits beschädigt ist. Die Grenadiere laufen hinüber und bis auf die Fahrer lässt auch der Panzeroffizier seine Besatzungen ausbooten.

Die Brücke hält stand und die beiden knapp 70 Tonnen wiegenden Panzerkampfwagen kommen sicher über die Eisenbahnbrücke.

Kaum sind die schweren Panzer als letztes über die Brücke gekommen, da bereiten die Pioniere die Stahlkonstruktion zur Sprengung vor.

Abwartend schaut der Pionierleutnant zu Bergner hinüber.

„Sollen wir sprengen, Herr Hauptmann?"

„Ja, jagen Sie das Ding zum Teufel!"

Im Westen leuchten die roten Ziegeldächer von Maltot herüber. Links davon liegt eine einzelne Ferme. Bergner beschließt, genau dort seinen Gefechtsstand aufzuschlagen. Aber zuerst teilt er seine Männer, die Pioniere und die SS-Grenadiere zur Verteidigung ein.

Sie liegen nur mit Front nach Westen. Wenn bei der Panzerlehrdivision inzwischen alles gut gegangen ist, wird es hinter ihnen noch feindfrei sein.

Dass die Panzerlehrdivision inzwischen nach Caen abgezogen wurde und von einer Infanteriedivision abgelöst worden war, ahnt Bergner zu dieser Stunde nicht. Er rechnet immer noch mit einigen Panzern der längst herausgezogenen Division.

Unterdessen ist es langsam dunkel geworden. In den Ställen der Ferme lärmt das Vieh. Die Bewohner haben sich in die Keller verkrochen. Deren massive Mauern bieten einen guten Schutz.

Einige kleine Mädchen schauen die dreckverschmierten Soldaten erstaunt an. Diese richten sich im Wirtschaftsgebäude ein. Eine alte Magd stellt wortlos einen Tonkrug mit eingelegten Eiern auf den Tisch, dazu noch eine Kanne mit dunklem Rotwein und geht wieder schweigend davon.

„So ist dieser verdammte Krieg schon eher zu ertragen", meint einer der jungen SS-Soldaten.

Der Grenadier Dickow schnappt sich ein paar Eier und sucht sich eine Pfanne. Er ist gerade dabei, sich eine Pfanne Rühreier zu machen, da kommt Unteroffizier Bruchmüller herein und sieht das bunte Treiben.

„Herrschaften, was geht hier vor? Ich hoffe, die Lebensmittel wurden bezahlt oder zumindest entsprechende Quittungen ausgegeben?"

Die SS-Männer sehen den Unteroffizier verwundert an.

„Ach, Quatsch, was sollen die Franzmänner schon machen? Außerdem sind hier genug Eier für eine ganze Heeresgruppe!"

„Ich verbitte mir diese schnoddrige Art! Plünderung wird in der deutschen Wehrmacht noch immer scharf geahndet!"

Hauptmann Bergner tritt ein und erfasst die Situation.

„Bleiben Sie ruhig, Bruchmüller. Der Gefreite Dickow macht natürlich auch für die französischen Zivilisten etwas und der junge SS-Mann bringt es nach unten in den Keller. Sie helfen ihm natürlich dabei."

Bergner haut dem jungen SS-Grenadier dabei kameradschaftlich auf die Schultern, als dieser etwas erwidern will.

Als die Nacht hereingebrochen ist und die Sterne am hochsommerlichen, klaren Himmel stehen, holt der Obergefreite Peters seine verbeulte Mundharmonika aus seinem Brotbeutel, klopft sie bedächtig aus und beginnt „Heimat, Deine Sterne" zu spielen.

Zuerst spielt er allein, aber dann summen die Landser vereinzelt mit und zum Schluss singen sie alle die Melodie, die das Heimweh weckt. Die französischen Zivilisten stehen in einigem Abstand und hören den deutschen Soldaten zu. Je länger sie singen und Dickow spielt, desto näher kommen die kleinen Kinder zu den fremden Soldaten, bis sie schließlich mitten unter ihnen sitzen und den fremden Melodien und Stimmen lauschen. Ihre Mütter haben trotzdem ein waches Auge auf sie, bis sie schließlich von den Landsern ebenfalls heran gewunken werden.

Hauptmann Bergner muss irgendwann die gemütliche Runde verlassen. Er geht hinaus und lehnt sich mit dem

Rücken gegen das Mauerwerk. Er schaut hinauf zu den Sternen, als ob von dort Hilfe und Rat kommen könnte. Die Last der Verantwortung kann ihm jedoch niemand abnehmen. Er wird weiterhin für die ihm unterstellten Männer verantwortlich sein.

Zwei schmetternde Einschläge lassen ihn zusammenzucken. In dem Moment verstummt die Melodie und die Kinder fangen an zu weinen. Sofort bringen die erwachsenen Franzosen sie in den Keller.

Mitten in Maltot hat es mit elementarer Gewalt eingeschlagen. Feurige Säulen schießen empor. Balken und Mauerreste fliegen hoch in die Luft.

Die Alliierten beschießen ein Dorf, in dem sich kein einziger deutscher Soldat befindet. Das wird der feindliche Artilleriekommandeur jedoch nicht wissen.

Erneut zwei Detonationen. Diesmal schlägt es etwas südlicher im Dorf ein. Bergner sieht, wie Menschen das Dorf fluchtartig verlassen. Sie rennen auf die Ferme zu. Die nackte Angst treibt sie vorwärts. Atemlos erreichen sie das einzelnstehende Gehöft und suchen, völlig verstört, Schutz.

Schließlich versinkt Maltot unter den hämmernden Einschlägen der schweren Schiffsartillerie. Dunkle Rauchschwaden stehen als grausige Vernichtungszeichen über dem sterbenden Dorf. Schaurig klingt es durch die Nacht, als die schwere Glocke vom Kirchturm herunterstürzt und zwischen den Grabsteinen zerspringt. Von rechts der Orne flackert vereinzelter Kampflärm herüber. Dort wird sich die 21. Panzerdivision langsam nach Süden zurückziehen.

Man hört, dass das Feuer der Engländer langsam immer weiter nach Süden verlegt wird.

Erst gegen Mitternacht bleibt das feindliche Feuer auf der Höhe von Tilly-la-Campagne konzentriert und verstummt schließlich. Maltot brennt noch immer. Knisternd fressen sich die Flammen durch die alten Balken der Dächer und bringen sie schließlich prasselnd zum Einsturz.

Mit bewegungslosen, versteinert wirkenden Gesichtern stehen die Bewohner vor dem Wohngebäude der Ferme und sehen dem Sterben ihres Heimatdorfes zu.

Hauptmann Bergner fühlt in sich eine gähnende Leere. Langsam bewegt er sich auf die Stellungen seiner Grenadiere zu. Sie liegen hart am Ufer, hinter Sträuchern und Hecken gut getarnt. Die Panzer sehen aus wie große Buschgruppen. Ihre Kettenspuren sind sorgfältig verwischt.

Drei Offiziere und 120 Soldaten stehen jetzt unter dem Kommando des Hauptmanns. Das ist nicht sehr viel, aber immerhin noch eine beachtliche Streitmacht.

Erst als im Osten der Sonnenaufgang zu erkennen ist, läuft Hauptmann Bergner zur Ferme zurück. Die Zivilisten sehen ihn mit flehenden, bittenden Augen an.

Er kann ihnen nicht helfen. Er steigt unter das Dach des Wohngebäudes und schaut durch ein Dachbodenfenster nach Westen. Überall brennen Dörfer oder stehen einzelne Gehöfte in Brand. Es riecht nach Tod und Feuer. Die Toten und Gefallenen dort müssen wohl noch länger in der heißen Julisonne liegen, ehe sie bestattet werden können.

Schließlich sieht er, wie sich ein breiter Heerwurm von Panzern und Kettenfahrzeugen auf Saint-André zu bewegt. Das Dorf liegt unmittelbar jenseits der Orne.

„Das kann wieder verteufelt schwierig werden", denkt sich Bergner. Wenn er nur wüsste, wo sein Regiment oder die Division liegt. Aber in diesem Durcheinander weiß ja niemand mehr genau Bescheid.

Eines weiß Bergner jedoch bestimmt. Er wird keineswegs bis zum letzten Mann kämpfen, sondern bestrebt sein, das Leben seiner Leute bestmöglich zu schonen.

Bis zum Morgen des 19. Juli 1944 ist das VIII. Britische Korps acht bis neun Kilometer tief in die deutschen Stellungen eingebrochen. Dennoch gelang dem Feind kein völliger Durchbruch.

Als am Morgen des 18. Juli 1944 die Spitzenpanzer der 11. Britischen Panzerdivision den steilen Bahndamm Caen-Vimont erklimmen, schlägt ihnen aus Richtung Cagny schwerstes Flakfeuer entgegen. Sechs Achtacht-Geschütze zerschießen aus gut gedeckten Stellungen die Hälfte der 29. Britischen Panzerbrigade. Deren Panzer bilden die Angriffsspitze der 11. Britischen Panzerdivision. Kurze Zeit später treffen einige deutsche Tiger I Panzerkampfwagen ein. Aus den Trümmern des Dorfes heraus, schlagen sie jeden weiteren Angriff der Engländer ab.

Es gelingt dem Feind, einige unwichtige Geländegewinne zu erzielen, doch ein taktischer Durchbruch gelingt ihm nicht.

Bergner erhebt sich schlaftrunken von der harten Wandbank. Die Sonne steht seit kurzer Zeit am Horizont und verkündet einen weiteren heißen Sommertag. Er reibt sich die Augen. Der Gefreite Dickow bereitet ihm ein Frühstück vor. Bergner nutzt die Zeit, um sich zu waschen und zu rasieren. Er schlüpft in ein sauberes Hemd und zieht seine Uniformjacke an. Seit langem hat er wieder einmal lange, fest und ruhig geschlafen.

Einige seiner Männer laufen vor dem Gebäude herum.

Bergner hatte die Hälfte seiner Einheit zur Ferme zurückgezogen und in den letzten Tagen mehrmals durchgewechselt. So konnten sich auch die Landser ein wenig ausruhen und sich mal wieder waschen und zurechtmachen. Daher sehen sie nun auch wieder wie Menschen aus.

Gerade will der Hauptmann das Haus verlassen, um sich an die Orne zu begeben, als ein Generalstabsoffizier die Küche betritt.

„Stammhuber", stellt dieser sich vor. „Ich komme von der Panzergruppe West. Seit dem 19. um Mitternacht bin ich mit meinem Fahrer unterwegs. Ich wäre Ihnen sehr zum Dank verpflichtet, wenn Sie für mich und meinen Fahrer etwas Warmes zu Essen hätten."

„Das lässt sich natürlich einrichten. Dickow, bringen Sie den beiden Herren etwas Anständiges auf den Tisch. Inzwischen, kann ich wohl schon anfangen zu berichten?"

„Selbstverständlich!", gibt der Generalstäbler kurz zurück.

Schlicht, nüchtern und mit wenigen Worten berichtet Hauptmann Bergner die vergangenen Ereignisse. Er verschweigt oder beschönigt nichts. Er berichtet vom Luftbombardement und darüber, dass er, um nicht eingeschlossen zu werden, seine Männer bis zur Fabrik zurückgenommen hatte.

Danach berichtet er vom Orneübergang.

Der Generalstabsoffizier, der ihn nicht ein einziges Mal unterbricht, nickt zum Schluss.

„Die Panzergruppe West weiß sehr genau, dass sämtliche Einheiten in und um Caen ihr Möglichstes getan haben. Aber das Führerhauptquartier ist der Meinung, Sie hätten sich dort vorn halten müssen!"

„Mit was denn? Die Panzer hatten kaum noch Granaten und viel zu wenig Treibstoff. Wir hatten noch 50 Schuss pro MG, keine Handgranaten und keine Panzerfäuste. Von der Verpflegung ganz zu schweigen. Dazu noch das enorme Vernichtungsfeuer der schweren Schiffsgeschütze!" Bergner strafft sich und fügt hinzu: „Dennoch bin ich natürlich bereit, die Konsequenzen zu tragen."

Der Stabsoffizier winkt gelassen ab.

„Davon redet kein Mensch. Ich habe meine Rundreise bei der 346. ID angefangen, dann ostwärts von Caen hinunter zur 21. Panzer und so weiter bis zu Ihnen hier her. Und ich habe immer das Gleiche gehört. Ich glaube Ihnen allen. Auch habe ich mit General Feuchtinger, Oberst-Gruppenführer Dietrich und Standartenführer Meyer gesprochen. Auch Ihr Divisionskommandeur sagte mir das Gleiche. Also regen Sie sich bitte nicht auf. Die Panzergruppe West wird sich vor ihre Truppenkommandeure stellen. Aber lassen wir das. Ich werde Ihnen jetzt anhand meiner Karte den augenblicklichen Frontverlauf schildern."

Stabsoffizier Stammhuber kramt eine große Karte aus seiner Aktentasche und breitet sie auf dem grob gezimmerten Bauerntisch aus.

„Westlich Bavent wurde die Front im rechten Winkel zurückgedrückt und zwar bis westlich Touffréville. Sie biegt dann nach Südwesten ein und lässt Troarn westlich liegen. Von kleinen Einbuchtungen abgesehen, verläuft die Front in gerader südwestlicher Richtung bis südlich Frénouville, um dann nach Westen einzuschwenken und hart nördlich Tilly-la-Campagne in sanftem Nordwestbogen bis zu Ihnen an die Orne zu verlaufen. Haben Sie alles mitbekommen?"

„Selbstverständlich!"

„Gut! Die Lage hat sich inzwischen einigermaßen gefestigt. Dem Gegner ist der beabsichtigte Durchbruch nicht gelungen. Ich kann mir gut vorstellen, dass im alliierten Hauptquartier schlechte Stimmung herrscht. Dennoch haben wir sehr aufmerksam zu sein. Sie sind im Augenblick dem I. SS-Panzerkorps direkt unterstellt, da Ihre Division praktisch zerschlagen wurde. Erwarten Sie also von dort weitere Befehle. Aber vermeiden Sie ein eigenmächtiges, weiteres Zurückgehen. Es könnte böse Folgen für Sie haben."

Bergner nickt schweigend und setzt sich wieder. Die Besucher beginnen zu essen.

Ganz nebenbei erwähnt der Stabsoffizier: „Wir haben in Erfahrung bringen können, dass die Alliierten diesen Durchbruchsversuch als OPERATION GOODWOOD bezeichnet hatten."

„Und ich soll jetzt hier an der Orne in Stellung bleiben?"

„Ja."

„Ohne mich an beiden Flanken irgendwo anlehnen zu können?"

„Nein. Die vorgesehenen Nachbareinheiten werden noch heute bis zum Mittag die Verbindung mit Ihnen aufnehmen. Vom Norden droht Ihrer Einheit im Augenblick keine Gefahr. Lenken Sie Ihr Hauptaugenmerk in die östliche Richtung."

„Ich verstehe."

„Der Feind wird natürlich versuchen, in kürzester Zeit den Einbruchsraum zu erweitern. Caen hat er bereits genommen."

Stammhuber schiebt den Teller zurück und die beiden Männer stehen auf.

„Ich danke Ihnen für Ihre Gastfreundschaft. Ich werde beim Korps veranlassen, dass Ihnen eine Funkstelle geschickt wird. So hängen Sie wenigstens nicht völlig in der Luft."

Er reicht Hauptmann Bergner die Hand.

„Ich wünsche Ihnen alles Gute, Herr Hauptmann."

„Danke."

Kurz darauf kommt der Pionierleutnant in den Raum. „Was wollte denn der Generalstäbler, Herr Hauptmann?"

„Er hat mir die genaue Lage erklärt. War sonst ein ganz vernünftiger Kerl. Aber jetzt dürfen wir keinen Schritt mehr zurück."

„Also stehenbleiben und bis zur letzten Patrone kämpfen, nicht wahr?"

„So ungefähr."

Der Leutnant kratzt sich nachdenklich im Genick.

„Ich habe ja nur wenig mitbekommen, was der hohe Herr gesagt hat. Demnach ist unsere Lage ja nicht ganz so bescheiden wie befürchtet."

„Abwarten, mein Lieber!"

Unteroffizier Bruchmüller steht in der Tür.

„Herr Hauptmann, der Tross müsste jetzt benachrichtigt werden, dass die Angehörigen der fremden Einheiten mitversorgt werden. Ich kann sofort jemanden losschicken."

„Ja, das können Sie machen, Bruchmüller. Aber wir haben keine Fahrzeuge hier."

Bruchmüller winkt ab und lächelt.

„Ach, es stehen genug Fahrräder auf dem Hof herum."

„Gut, dann muss halt eines davon herhalten. Aber der Melder soll gleich den Spieß mit nach vorne bringen. Ich habe einiges mit ihm zu besprechen."

Der Unteroffizier grüßt und verschwindet. Kurz darauf radelt ein Gefreiter auf einem Damenrad zum Hof hinaus.

Langsam geht Hauptmann Wilhelm Bergner durch die Stellungen. Rechts und links haben sich fremde Kampfgruppen angeschlossen. So besteht wenigstens wieder eine durchgehende deutsche Front. Rechts liegen die Grenadiere hinter dem Bahndamm, in den sie Stollen getrieben haben. Links von der gesprengten Eisenbahnbrücke stehen noch immer die beiden Tiger II. Vor ihnen haben sich die Landser in einem wahren Stellungslabyrinth verschanzt. Gestern Abend hat die britische Artillerie das Westufer der Orne abgetastet. Sie hat keinen nennenswerten Schaden angerichtet. Es handelte sich dabei nur um 25-Pfünder. An die haben sich die deutschen Grenadiere bereits gewöhnt.

Wenn sich die britische Schiffsartillerie nur nicht meldet, dann ist der Hauptmann schon zufrieden. Hinter dem westlichen Betonpfeiler der herabgestürzten Eisenbahnbrücke haben sich die Pioniere einen gut abgedeckten Bunker gebaut. In diesem hält sich immer einer der Offiziere auf. Heute ist es Obersturmführer Rösing.

Bergner klettert die Treppe hinunter und setzt sich auf eine hölzerne Pritsche. Er horcht plötzlich auf. Aus der Ferne erklingen schwere Abschüsse.

„Schiffsartillerie", sagt der Obersturmführer lakonisch.

„Mal sehen, wo die hinreichen!"

Mit drei Sätzen steht der Hauptmann wieder oben hinter dem Pfeiler. Er hört das herannahende Orgeln und dann weiß er mit Sicherheit, dass die Granaten ihnen gelten. Aber ehe er noch verschwinden kann, schlägt es schmetternd ein.

Der Betonpfeiler schwankt in seinen Grundfesten. Beinahe sieht es so aus, als würde er über den Bunker stürzen.

Nun jault es in ununterbrochener Folge heran.

Innerhalb von Minuten versinkt die Sonne hinter Qualm und Rauch der schweren Granaten, die mit urzeitlicher Kraft einschlagen. Einige der Schiffsgranaten schlagen mit voller Wucht in die Orne. Wasser und Schlamm werden in riesigen Fontänen hochgeworfen. Eine Unmenge toter Fische schwimmt nun auf dem Wasser.

Eine der 38,1-cm-Granaten reißt ein ganzes Uferstück mit mehreren Panzerdeckungslöchern weg.

Die am Ufer stehenden Sträucher treiben zerfetzt flussabwärts. Von den Männern, die in diesen Deckungslöchern lagen, findet man nur noch einige blutige Stofffetzen.

Bergner beißt sich vor lauter unbändiger Wut die Lippen blutig. Aus sicherer Distanz von ungefähr 30 oder noch mehr Kilometern Entfernung schießt der Feind aus mächtigen Zwillings- oder Drillingstürmen seiner Schlachtschiffe auf seine Soldaten. Diese liegen hier in der normannischen Erde und können sich nicht dagegen wehren.

Aber es ist zwecklos, daran zu denken. Es ist zwecklos, an den Tag zurückzudenken, als dieses grausame Morden begann. Es ist zwecklos, auf den Tag zu hoffen, an dem es einmal aufhören könnte. Wer weiß schon, wer diesen Tag überhaupt erleben wird.

Hauptmann Bergner springt zurück in den Bunker. Der Obersturmführer sieht ihn stumm an. Beide hoffen im Stillen, dass bald wieder Ruhe einkehren wird.

„Wenn sie mit ihrer Schiffsartillerie auf unseren Abschnitt eintrommeln, bedeutet das, dass sie wieder hier angreifen werden."

Bergner streckt die Beine weit von sich.

„Vielleicht hören sie ja bald auf."

Das Wunder geschieht tatsächlich. Nach einer halben Stunde wandert das Artilleriebombardement weiter nach Nordwesten. Jetzt muss es ungefähr im Raum Cheux liegen.

„Wenn der Engländer diese Gegend beschießt, dann tritt er nicht frontal auf dem Frontbogen an, sondern versucht es eher an den Flanken, um diese weiter aufzureißen. Wenn er frontal angreifen will, dann würde er wohl eher die Gegend zwischen Troarn und Frénouville beschießen. Oder sind Sie anderer Ansicht?"

„Sicher. Sein Ziel ist es ja schließlich, so schnell wie möglich Paris zu besetzen", erwidert der Obersturmführer.

Hauptmann Wilhelm Bergner legt seine Stirn unter seinem Stahlhelm in Falten.

„Ich werde wohl die Pioniere herausziehen und als Reserve auf die Ferme legen. Wenn wir von Norden angegriffen werden sollten, dann habe ich zumindest ein paar Männer zum Abriegeln der eventuellen Einbrüche an der Hand. Ziehen Sie den Rest der Kampfgruppe etwas auseinander. Hinter der Orne sind wir sicherer als in freier Feldstellung."

„Jawohl, Herr Hauptmann!"

Der Obersturmführer macht sich los, den Auftrag auszuführen.

Kurze Zeit später sammelt sich der Pionierzug. Die Männer sind froh, wieder unter einem festen Dach ordentlich schlafen zu können. Aber sie machen lange

Gesichter, als sie hören, was ihnen Hauptmann Bergner erklärt.

„Zwei der vier Gruppen legen sich nach Norden im Halbkreis um die Ferme. Die restlichen drei Männer je Gruppe patrouillieren abwechselnd um die Ferme herum. Die Stellungen werden unverzüglich ausgehoben. Die letzten Gruppen können ruhen. Wie Sie die Männer einteilen, ist Ihnen überlassen, Herr Leutnant“, meint er zu dem jungen Pionieroffizier. „Sie können Ihre Männer alle zwei Stunden ablösen lassen. Sie können die Wachgruppen aber auch die ganze Nacht draußen lassen.“

Inzwischen ist der Hauptfeldwebel eingetroffen. Er hat einen ganzen Sack Post mit dabei. Diesen schüttelt er kurzerhand auf dem Tisch im Wirtschaftsgebäude aus. Hauptmann Bergner beginnt, die Post selbst zu sortieren. Der Spieß weiß, was nun folgt und nimmt seinen Bleistift und den Schreibblock zur Hand.

„Erster Brief, Gefreiter Jungwirth – tot.“

Hauptfeldwebel Friedrich Bix macht auf der Vorderseite ein Kreuz.

„Obergefreiter Lutz Blänsdorf – tot.“

Wieder huscht der Bleistift über das Papier.

„Grenadier Peter Genz – verwundet im Lazarett, Oberfeldwebel Alfred Rall – vermisst, Leutnant Gerhard Lemm – tot.“

Langsam dreht Hauptmann Bergner den Brief um. Absender Edeltraudt Amoldt.

So geht es immer weiter, eine geschlagene Stunde hindurch. Der Berg der Briefe, die nicht mehr zugestellt werden können, wird immer größer. Irgendwann ist er doppelt so groß, wie der Berg der zustellbaren Briefe. Auch Hauptmann Bergner hat einen Brief erhalten.

Er sucht sich, wie so viele der Landser, eine ruhige Ecke und liest ihn. Er ist von Helene, seinem letzten Schwarm. Wie wunderbar banal sie schreiben kann.

„Ach Wilhelm, es ist alles so trostlos geworden. Nicht einmal das Tanzen ist mehr erlaubt, obwohl es ja an flotten Tänzen nicht mangelt. Schöne Kleider bekommt man auch schon lange nicht mehr zu kaufen.“

So geht es die ganze Zeit weiter.

Als er fertig ist, zündet er den Brief mit einem Streichholz an und blickt in die Flammen. Hauptfeldwebel Bix blickt ihn fragend an.

„Ärger?“

Bergner beginnt zu lachen.

„Wegen dem Brief? Nein, nein. Er ist einfach nur nichtssagend und nicht wert aufgehoben zu werden. Weiter nichts.“

Die Männer nutzen die Zeit, einige Zeilen zu schreiben. Der Hauptmann gibt sie ihnen. Er weiß genau, wie wichtig es für die Männer ist. Auch er selbst schreibt einige Zeilen. Eine schwache Petroleumleuchte verbreitet einen sanften Schein und sein Füllfederhalter kratzt leise über das Papier. Mit sicherer Hand füllt er zwei ganze Seiten. Er kuvertiert sie und klebt den Umschlag zu. Die Adresse seiner Mutter steht in steilen Buchstaben auf dem Papier.

Die fertigen Briefe werden eingesammelt und der Spieß nimmt sie gleich wieder mit zurück. Ebenso, wie die Briefe der Gefallenen, die er ebenfalls wieder mit zurückbringt.

Gegen Mitternacht erwacht die gesamte Frontlinie zwischen Tilly bis hin zur Küste bei Caen wieder zum Leben. Das Wäldchen zwischen Maltot und Verson wird von der Artillerie zerstampft. Der Kapellenberg wird förmlich umgepflügt und die Orne hundertfach aus ihrem Flussbett gerissen. Die Pioniere der Reservegruppe im Wirtschaftsgebäude richten sich auf und reiben sich schlaftrunken die Augen.

Der Leutnant legt den Kopf schief und meint kurz: „Fertigmachen!"

Schweigend ziehen sich die Männer an.

„Da kommt doch wieder irgendein dicker Hund auf uns zu", knurrt einer der Pioniere ängstlich.

„Wenn sie wenigstens gleich kommen und nicht erst ewig mit ihrer Ari trommeln würden", meint ein anderer.

„Aber Tote, Verwundete und ein Haufen Zermürbte kann man beim Angriff schneller überrennen."

Der Pionierleutnant steht an der Tür und beobachtet das Feuer. Es liegt noch immer in der Gegend von Maltot. Schwerste Artillerie zerhackt dort den Boden. Bäume werden entwurzelt, Büsche zerfetzt und große Trichter aufgerissen. Es stinkt durchdringend nach Pulvergasen, Rauch und anderen Stoffen.

Weit im Norden scheint der Himmel zu brennen. Dort hat der Gegner seine Artilleriebatterien aufgestellt. Es stehen Geschütz neben Geschütz. Niemand hindert sie am Beschuss der deutschen Stellungen, kein deutsches Flugzeug, keine deutschen Geschütze.

Der Erdboden vibriert unaufhörlich. Graue Wolkenfetzen schweben wie ein riesiges Leichentuch über das gepeinigte Land. Mitunter färben sich die Wolkenränder blutrot. Es bahnt sich das grausige Finale im Kampf um Caen an. Ströme von Blut sind geflossen, der Tod hat Orgien der Vernichtung gefeiert.

Vor und zurück bewegt sich die Artilleriewelle. Sie ebnet das Land aufs Neue ein. Sie lässt kleine Hügel verschwinden und neue entstehen. Das kleine Dorf

Maltot ist bereits gestorben und in dieser Nacht wird es endgültig dem Erdboden gleich gemacht.

Die Gehirne der in der Erde kauernden und vor Angst schlotternden Soldaten sind leer. Es ist ihnen vollkommen gleich, wer dieses gemarterte Stück Land beherrscht, sie oder der Feind, Hauptsache das fürchterliche Artilleriefeuer möge aufhören.

Endlich wandert das Vernichtungsfeuer weiter Richtung Westen auf Saint-Lô zu.

Noch haben die Landser aber nichts zu befürchten. Der Gegner wird kaum vor der Morgendämmerung angreifen.

Gegen vier Uhr morgens beginnt die deutsche Artillerie Störfeuer auf die gegnerischen Batterien zu schießen. Sie muss mit ihrer Munition sparsam haushalten und wartet, bis die deutschen Soldaten vorn in der Kampflinie mit Leuchtsignalen um Unterstützung rufen.

Zart kündigt sich im Osten die neue Morgendämmerung an. Schlagartig verstummt das Artilleriefeuer der feindlichen Batterien. Der schaurige Tanz der krepierenden Granaten ist zu Ende. Das einzige Geräusch ist das Wummern der deutschen Artillerie. Verglichen mit dem vorangegangenen Artilleriebombardement der Alliierten, wirkt es schwach und dünn.

Nach einer halben Stunde ist auch dieses verstummt. Nun herrscht eine entnervende und bedrückende Stille. Sie legt sich beinahe schmerzend auf die geschundenen Ohren der Grenadiere.

„Was wird der Gegner nun wohl vorhaben?", denkt sich so mancher Landser.

„Hoffentlich können wir jetzt weiterschlafen!", denken sich andere.

Strahlend schön kommt die rot-goldene Sonne über den Horizont. Das satte Grün um Maltot ist verschwunden. Geborstene und gebrochene Baumstümpfe ragen anklagend gen Himmel. Die Dörfer, die erneut zusammengetrommelt wurden, rauchen und brennen.

„Warum sind die Briten wohl nicht angetreten, Herr Hauptmann?", fragt der Pionierleutnant.

„Die dort drüben wissen sicherlich genau, dass deren Trommelfeuer an unseren Nerven zerrt, dass es uns aufreibt, wenn wir warten und nochmals warten müssen, aber auch, dass es für sie besser ist, wenn sie sofort nach dem Ari-Feuer antreten. Sie werden noch öfters trommeln, ehe sie sich ganz sicher sind, dass sie uns überwinden können."

„Man würde alles viel leichter ertragen, wenn man wüsste, dass man diesen verfluchten Krieg gesund und heil überstehen würde, Herr Hauptmann."

Bergner hat eine scharfe und ironische Antwort auf der Zunge liegen. Als er jedoch in das fragende und verunsicherte Gesicht des jungen Offiziers blickt, schluckt er seine Antwort jedoch lieber herunter. Er überlegt, was dieser junge Mensch bisher schon groß vom Leben gehabt hat. Er war gläubig in den Krieg gezogen. Wer weiß, ob sein Glaube nicht schon zu Scherben zerfallen ist.

Halblaut meint er nur: „Man soll lieber nicht so viel darüber nachdenken. Am besten gar nicht. Es bringt wirklich nichts. Man muss für die Gegenwart leben, von der Vergangenheit zehren und nicht an die Zukunft denken. Hier an der Front ist dieser Standpunkt bestimmt angebracht."

Der Leutnant schweigt kurze Zeit, dann meint er: „Ich möchte auch so denken können."

„Versuchen Sie es nur", erwidert der Hauptmann.

Unteroffizier Peter Makowetz von den Pionieren liegt mit zwei Kameraden im Deckungsloch neben der Straße. Diese führt über Maltot nach Verson. Leichtes Feuer liegt auf dem gesamten Frontbereich. Immer wieder schweben Leuchtkugeln am Himmel und nach ihrem Erlöschen erscheint die Dunkelheit noch schwärzer und undurchdringlicher. Es hängt irgendetwas in der Luft. Niemand kann dieses Gefühl beschreiben oder erklären. Es ist einfach da und bedrückt die Männer.

Seine Hände gleiten über das kühle Metall des MG 42. Die Berührung der Waffe wirkt irgendwie beruhigend auf ihn. Er lauscht hinüber zum Gegner. Auf einmal wird er hellhörig und wendet sich an einen seiner Kameraden. „Hört sich das nicht an, als ob Panzermotoren brummen und Ketten klirren?"

Der Pionier nimmt den Stahlhelm ab und lauscht.

„Es könnten tatsächlich Panzergeräusche sein."

„Los, lauf zurück und melde das dem Hauptmann!"

Der Mann verschwindet. Wenige Minuten später springt Hauptmann Bergner in das Deckungsloch.

„Was ist los?"

„Panzergeräusche, Herr Hauptmann!", meldet Unteroffizier Makowetz.

„Seid still!"

Hauptmann Bergner lauscht sekundenlang.

„Stimmt, das sind Panzer und zwar eine ganze Menge. Ein oder zwei würde man nicht so deutlich hören."

Bergner überlegt. Die Masse seiner Kampfgruppe steht mit Front nach Osten, doch im Norden bahnt sich etwas an. Wenn der Gegner dort durchbricht, muss er seine Männer von der Orne abziehen und sie die Front nach Norden nehmen lassen.

Das wird er aber erst dürfen, wenn der gegnerische Durchbruch sich in völliger Klarheit abzeichnet. Denn wenn er es vorher macht und der Engländer dies bemerkt, dann wird er dort sofort hineinstoßen wollen.

„Eine verzwickte Situation", murmelt er halblaut vor sich hin.

„Was meinen Sie, Herr Hauptmann?", fragt der Unteroffizier.

Bergner schaut ihn an.

„Schon gut. Passen Sie weiter auf, wie bisher. Damit wir nicht überrascht werden können."

„Geht in Ordnung, Herr Hauptmann!"

Bergner eilt hinüber zu den Panzerkampfwagen.

„Ich habe im Norden Panzergeräusche festgestellt!"

„Ich auch, Herr Hauptmann!"

„Das kann böse werden. Was machen wir mit Ihren Panzern?"

„Ich schlage vor, dass wir die beiden Wagen bis zur Ferme zurücknehmen. Von hier können wir nach zwei Seiten erfolgreich eingreifen. Wenn die Pioniere für die beiden Panzer schräge Rampen in den Boden graben, so dass nur noch der Turm über den Erdboden schaut, sind wir sogar relativ abschusssicher, Herr Hauptmann."

„Ja, das werden wir sofort in Angriff nehmen. Ich habe so das Gefühl, dass wir keine Zeit verlieren sollten. Bitte ziehen Sie Ihre Panzer gleich zurück."

„Wird gemacht", ist die kurze Antwort des jungen Panzeroffiziers.

Anschließend sucht Bergner den Pionierleutnant auf.

„Los, wecken Sie sämtliche Männer, die sich auf der Ferme befinden. Der Panzeroberleutnant wird Ihnen zwei Stellungen anweisen und dort graben Sie die Tiger II ein. So tief, dass sie von vorn nur noch mit der Kanone herausschauen, aber nach hinten wieder abfahren können. Das Ganze bitte zügig, drüben zieht der Gegner Panzer zusammen!"

„Jawohl, Herr Hauptmann!"

Sofort machen sich die Männer auf den Weg und an die Arbeit. Immer wieder lauschen sie nach Norden. Als das feindliche Artilleriefeuer an Heftigkeit zunimmt, weiß Bergner, dass der Feind damit seinen Panzeraufmarsch verschleiern will.

Auf den Hof fährt ein Funkwagen und der Funktruppführer meldet sich bei Hauptmann Bergner.

„Nehmen Sie sofort Verbindung auf. Melden Sie dem Korps, dass vor der Front westlich von Caen starke Panzergeräusche zu hören sind."

Es dauert keine zehn Minuten, da hält Bergner bereits die Antwort in seinen Händen.

„ERHÖHTE ALARMBEREITSCHAFT – WENN NOTWENDIG FRONT NACH NORDEN NEHMEN – PANZERKORPS IA"

„Na also", murmelt Bergner, „genau wie ich es selbst wollte."

Um zwei Uhr morgens rollen vier Tiger I Panzerkampfwagen auf die Ferme zu. Die Männer der Kampfgruppe starren erstaunt auf die schweren Fahrzeuge. Sie kommen von der 2. Panzerdivision, die in Bretteville-sur-Laize liegt. Ein kräftiger Oberfeldwebel führt den Zug der schweren Kampfpanzer. Zwei Munitionsschlepper und ein LKW Opel Blitz mit Kraftstoff und ein weiterer mit Verpflegung begleitet die Kampfgruppe. Insgeheim atmet Hauptmann Bergner auf.

Der Oberfeldwebel berichtet: „Unsere Front stabilisiert sich langsam wieder, Herr Hauptmann. Genau südlich von hier, also nördlich von Bully gehen zwei Batterien schwerer Feldhaubitzen in Stellung. Als ich mich bei unserem Kommandeur abmeldete, hörte ich, dass noch eine Panzerjägerkompanie auf Selbstfahrlafetten hierhergeschickt werden soll. Offenbar hält man diesen Frontabschnitt im Augenblick für besonders gefährdet."

„Ich lasse mich gern überraschen, mein Lieber. Wie und wo Sie mit Ihren Tigern in Stellung gehen wollen, das überlasse ich sehr gerne Ihnen."

Der Oberfeldwebel mit dem Panzerkampfabzeichen und dem EK 2 an seiner schwarzen Panzeruniform kratzt sich nachdenklich am Kinn.

„Ich lasse die Wagen in die Scheune rollen, dann brauchen wir nur die Tore aufzustoßen, um freies Schussfeld zu haben. Außerdem stehen wir dann vorzüglich getarnt."

Bergner lächelt.

„Ich komme mir beinahe wie ein Festungskommandant vor."

Der Oberfeldwebel handelt äußerst umsichtig. Seine Männer tanken sofort wieder auf und beseitigen die verräterischen Kettenspuren. Es dauert auch gar nicht lange, bis ein Panzerjägerhauptmann mit sechs Selbstfahrlafetten anrollt. Auch eine Vierlingsflak auf Selbstfahrlafette hat er dabei.

Somit ist die Kampfkraft der Gruppe wesentlich gestiegen. Den Landsern gibt dies ziemlichen Auftrieb. Die Verpflegung wird abgeladen und in der Waschküche verstaut. Sofort werden für die Kampfgruppe warmes Essen und heißer Kaffee zubereitet. Sogar Schokolade gibt es und Zigaretten. All das wird verteilt und sorgt für strahlende Gesichter. Bergner hat angesichts der Fülle an Verpflegung ein ungutes Gefühl. Entweder beginnt man bereits im Hinterland die Verpflegungslager zu räumen oder aber man hat sie hier vorn bereits abgeschrieben.

Die französischen Zivilisten, die unten im Keller ausharren, werden durch die Kettengeräusche unsanft aus dem Schlaf gerissen. Sie stehen nun vor dem Haus und sehen dem emsigen Treiben der deutschen Soldaten zu. Auch sie werden ahnen, dass sich hier etwas zusammenbraut.

Ein Artillerieoffizier meldet sich mit einem Funktrupp und stellt sich als Artilleriebeobachter vor.

„Die eigentliche Front liegt im Norden noch einige Kilometer weiter", sagt Bergner, aber der Leutnant schüttelt den Kopf.

„Ich habe den ausdrücklichen Befehl, von dieser Stellung aus unsere Batterien einzuschießen."

Damit ist eigentlich klargestellt, dass man der ersten Frontlinie keine allzu große Widerstandskraft zutraut. Der Artilleriebeobachter nistet sich im Dach des Wirtschaftsgebäudes ein. Er nimmt sofort Verbindung zu seinen beiden schweren Batterien auf. Kurz darauf grollen im Süden die ersten Abschüsse.

Orgelnd ziehen die 15 cm Granaten nach Norden. Aber das wird wegen Munitionsmangel nicht lange dauern.

Es ist genau vier Uhr morgens, als es im Norden wieder aufblitzt. Der Gegner beginnt zugleich aus allen Geschützen zu feuern. An der ganzen Front schwillt das Feuer der Artillerie zu ungeahnter Heftigkeit an. Doch nur vereinzelte Weitschüsse krepieren in der Nähe der Ferme.

„Schickt die Zivilisten in die Keller!", befiehlt der Hauptmann.

Die Landser verschwinden in ihren Stellungen und warten, was die kommenden Stunden bringen werden.

Vorne toben donnernde Einschläge und wälzen sich wie eine Meereswoge immer dichter an die Ferme heran.

Deutlich erkennbar hängen einige Leuchtkugeln zitternd hoch in der Luft. Schwarze Rauch- und Dreckpilze stehen auf Äckern und heulende Splitterschwärme folgen den aufbrechenden Detonationen.

Mit ohrenbetäubendem Krachen donnert eine Lage Granaten kurz vor der Ferme nieder. Stinkender Qualm wabert über die Landser hinweg. Erdbrocken in verschiedenen Größen klatschen wieder zu Boden. Zwischen dem Krachen, Pfeifen und Donnern der Granaten ist nun das langsame Tackern britischer Maschinengewehre zu hören.

„Das ist der Angriff!", ruft Bergner zu dem Panzerjägerhauptmann, der neben ihm steht.

Unvermittelt hämmert von jenseits des Bahndamms und der Orne ein Höllenfeuer in die Flanke der nach Norden gerichteten Verteidiger.

Jetzt dringen Schreie durch die Stellungen.

„Die Tommies kommen!"

Dicht hinter seiner Feuerwalze nachrückend ist der Feind über den Kamm der Bodenwelle aufgetaucht. Mitten durch das Trommeln und Wüten der gegnerischen Artillerie laufen einige deutsche Soldaten geduckt auf die Stellungen vor dem Gutshof zu. Atemlos springen sie von Deckung zu Deckung.

„Was ist los?", fragt Hauptmann Bergner die Landser.

„Die Engländer sind durchgebrochen. Vorne schoss er mit Nebelgranaten. Wir haben ihn erst bemerkt, als er mitten in unserer Stellung stand."

„Panzer gesehen?"

„Nein, aber das Klirren von Panzerketten gehört, Herr Hauptmann."

In den Augen des erschöpften Landsers kann Bergner Angst erkennen.

Es wird heller und nun sind auch die Angriffswellen der Engländer besser zu erkennen. Deutlich sichtbar arbeiten sie sich kriechend und robbend weiter vor. Oben auf der Bodenwelle stehen Panzer neben Panzer.

Mit harten Abschüssen greifen nun die deutschen Panzerkampfwagen in das Gefecht ein. Die 8,8 cm Geschütze der Tiger I und Tiger II brüllen auf. Die 7,5 cm Geschütze der Panzerjäger 38 (t) Marder III knallen etwas heller dazwischen.

Oben auf dem Kamm bricht nun die Hölle los. Auch unten vor der Bodenwelle hält der Tod reiche Ernte. Dennoch schieben sich immer neue Sturmreihen über den Kamm. Brennende Sherman-Panzer weisen den Angreifern den Weg. Dazu liegt jetzt die Ferme im deckenden Feuer der englischen Artillerie.

Von Süden greift die eigene Artillerie ein und legt ihr Feuer ebenfalls auf die Höhe und in den Grund. Es ist unmöglich geworden, sich in diesem Höllenlärm noch durch Worte zu verständigen. Keiner versteht wie, aber immer noch treffen einige Versprengte von vorne ein und werden aufgenommen.

Maschinengewehrgarben zischen bereits dicht über die deutschen Stellungen hinweg und fahren klatschend in die Steinmauern der Gebäude ein.

Das alliierte Artilleriefeuer wandert weiter nach Süden hinaus.

„Bruchmüller!"

„Herr Hauptmann?"

„Laufen Sie los. Die Stellungen an der Orne sollen aufgegeben werden. Sagen Sie dem Pionierleutnant, dass er in dem Augenblick in die Flanke der Engländer stoßen soll, wenn sie sich zum Sturm auf die Ferme erheben. Verstanden?"

„Jawoll, Herr Hauptmann!", gibt Bruchmüller salopp zurück und springt los. Da das Trommelfeuer an der Ferme aufgehört hat, kann es glücken, dass er durchkommt.

Ohne Pause hämmern die deutschen Panzerkanonen auf die Angreifer ein. Dennoch können sie das Vorrücken der Shermans nicht stoppen.

Doch auch die Grenadiere sind im ununterbrochenen Abwehrkampf. Karabiner knallen, Maschinenpistolen hämmern. Die Läufe der Maschinengewehre müssen gewechselt werden, da sie bereits glühen. Dennoch stürmen die englischen Füsiliere weiter voran. Ganze Gruppen werden durch das Abwehrfeuer der Deutschen niedergestreckt, trotzdem tauchen immer wieder neue Einheiten auf und gewinnen an Boden. Der Mut der Engländer ist bewundernswert.

Wieder und wieder blickt Bergner zur rechten Flanke. Doch nichts regt sich dort.

„Ist Bruchmüller doch nicht durchgekommen?", überlegt Bergner.

Der Feind steht jetzt etwa 100 Meter vor der Ferme. Da erheben sich die Grenadiere aus ihren Löchern an der Orne und stürmen in die gegnerische Flanke. In kleinen Gruppen kommen sie sprungweise heran. Ein heiseres „Hurra!" erklingt. Der Ruf pflanzt sich fort und die Engländer stocken. Das Flankenfeuer reißt sie zu Boden und niemand weiß, wer eigentlich zuerst losgestürmt ist. Ohne Ausnahme stemmen sich die Männer aus ihren Löchern vor der Ferme und springen zum Gegenstoß vor.

Mit den Ketten klirrend und mit aufbrüllenden Motoren schieben sich die Sd.Kfz. 181 Ausführung E Tiger durch die Scheunentore. Ihre Maschinengewehre peitschen über die Köpfe der Grenadiere hinweg und ihre Kanonen hämmern Schuss auf Schuss gegen die Feindpanzer.

Ein Tiger bleibt mit Kettenschaden liegen, aber seine Kanone feuert weiter.

Auch die beiden Tiger II feuern nun und es schieben sich auch die Marder III vor. Da gibt es für die englischen Füsiliere kein Halten mehr. Sie beginnen zurückzuweichen.

„Halt!", brüllt Bergner, „Haaalt!"

Nur langsam dringt sein Ruf durch die Reihen der deutschen Soldaten. Die Panzer nehmen die kleine Anhöhe unter Feuer und verhindern so ein geordnetes Zurückgehen des Feindes.

„Zurück in Deckung!"

Die Grenadiere sehen ihren Hauptmann verständnislos an. Aber Bergner weiß, dass die Engländer nach diesem Rückschlag wieder anfangen werden, mit aller Macht zu trommeln. Der Angriff ist gescheitert und jetzt werden sie versuchen, die Verteidiger der Ferme mit ihrer Artillerie zu zerschlagen. Es dauert dann auch nicht lange. Die Grenadiere sind kaum wieder in ihren Deckungen und schon bricht es wieder mit elementarer Gewalt über die deutschen Stellungen herein. Die Erde scheint zu bersten. Dichte Schwaden ziehen über die Felder, zerflattern vor neuen Einschlägen, um sich gleich darauf wieder zusammenzuballen.

Nochmals, bevor sich der Tag langsam dem Ende neigt, rast das Vernichtungsfeuer über das geschundene Land. Es dröhnt und donnert bis Mitternacht. Dann ebbt es allmählich ab, um schließlich gänzlich zu verstummen.

Die Grenadiere atmen auf. Aber an Schlaf ist dennoch nicht zu denken. Die Panzer werden erneut in Deckung gebracht, aufmunitioniert und wieder instand gesetzt. Danach werden die Toten zusammengetragen. Dort hinter dem Wohnhaus liegen sie, in Zeltbahnen eingewickelt. Langsam geht Hauptmann Bergner ihre Reihen entlang. Auch der Obergefreite Peters liegt dort und noch jemand, Unteroffizier Michael Bruchmüller.

Langsam nimmt Bergner seinen Stahlhelm ab. Der kühle Nachtwind streicht ihm über das verschwitzte Haar. Im Westen schießt die britische Artillerie. Es erscheint dem Hauptmann, als ob es sich um den Trauersalut handeln würde.

Dies waren nun die letzten beiden alten Kampfgefährten, mit denen Bergner einst in den Krieg gezogen war. Lange bleibt er schweigend vor der Reihe der Gefallenen stehen.

Auf dem Feld erklingt das helle Hämmern, mit dem die Panzersoldaten neue Kettenbolzen in die reparierte Laufkette des Tigers treiben.

Der Krieg geht weiter, schreitet erbarmungslos über die Toten hinweg.

Bergner wirft sich angezogen auf die Wandbank. An tiefen Schlaf ist nicht zu denken, es ist vielmehr ein Dämmerzustand zwischen Schlafen und Wachen.

Gegen Morgen wird der Hauptmann durch lauten Kampflärm geweckt. Er kommt diesmal von links. Dort hat der Gegner eine Lücke in der Front entdeckt. Diese klafft zwischen Maltot und Gavrus. Bis zur Brücke über den Oden, der hart südlich Caens in die Orne mündet, sind die Briten bereits vorgestoßen. Sie sind der Meinung, dass die vorspringende deutsche Front nördlich Maltot einfach umgangen werden kann. Es sind Teile der 11. Britischen Panzerdivision, der 43. und der 15. Infanteriedivision. Darüber hinaus noch einige

Bataillone der 49. Infanteriedivision, die dort liegen und nun zum Angriff antreten.

Die Stellung um die Ferme ist somit unhaltbar geworden.

Bergner schnellt hoch und setzt sich seinen Stahlhelm auf.

„Alarm!"

„Die Panzer sammeln sich auf der Straße nach Süden!"

Brummend walzen die Ungetüme an.

„Die Grenadiere sofort aufsitzen!"

Alles geschieht in größter Eile.

„Panzer marsch!"

Es ist noch nicht ganz hell geworden und die Baum- und Buschgruppen schälen sich nur schemenhaft aus dem Bodennebel heraus. Die Sicht beträgt keine 50 Meter.

Viele Augenpaare versuchen vergeblich, den hin und her wogenden Nebel zu durchdringen. Eine nervöse Spannung breitet sich aus. Es dauert eine gute halbe Stunde, bis die Stellungen der beiden schweren Haubitzenbatterien erreicht sind. Ein Major der Artillerie steht an der Straße. Das Brummen der Panzermotoren erstirbt.

„Was ist denn los?", fragt der Major.

Bergner springt vom Panzer und meldet: „Der Gegner ist an uns vorbeigestoßen!"

„Und nun?"

„Sie haben noch nichts bemerkt, Herr Major?"

„Einige Male knatterten ein paar Maschinengewehre links an der Flanke, aber ich schenkte diesem Geschieße keine größere Beachtung."

„Was wollen Sie nun tun, Herr Major?"

„Sie wissen schon, dass wir nicht eigenmächtig vorgehen dürfen?"

„Schon, aber bewegliche Kampfführung ist doch besser, als starres Festhalten, Herr Major.“

„Darüber haben wir nicht zu entscheiden. Ich möchte Sie bitten, mit Ihrer Kampfgruppe einen Sicherungsgürtel um meine beiden Batterien zu legen.“

„Jawohl, Herr Major.“

Das Gelände ist von Büschen und Hecken durchzogen. Kein günstiges Panzergelände. Bergner weist jeden Panzer persönlich ein und gibt den Grenadieren und Pionieren ihre Stellungen an. Dann begibt er sich zurück zu dem Major.

„Wollen Sie die Führung der gesamten Kampfgruppe übernehmen, Herr Major?“

Fragend blickt Bergner den Artillerieoffizier an.

„Nein, ich fühle mich nur meiner Batterie gegenüber verpflichtet.“

„Gut, dann werde ich das Panzerkorps von unserem Stellungswechsel unterrichten.“

Eine Stunde später erhält Bergner den Befehl, sich mit seinen Einheiten und den beiden Batterien auf Cramesnil zurückzuziehen, da aus der Gegend von Tilly-la-Campagne ein neuer britisch-kanadischer Großangriff zu erwarten sei. Der Ort liegt im Zentrum der 1. SS-Panzerdivision Leibstandarte Adolf Hitler.

Innerlich ist Bergner froh darüber, mit seinen Leuten weiter nach Osten ausweichen zu können.

Es dauert geraume Zeit, bis die Artillerie aufgeprotzt hat und Marschbereitschaft hergestellt ist. Als sie antreten, stürzt sich ein Schwarm von sechs Jabos auf die Kolonne, denn eben ist die Sonne aufgegangen und der schützende Nebel liegt nur noch in den Senken.

Die einzige Vierlingsflak auf Sd. Kfz 7/1 in der Kolonne eröffnet sofort das Feuer. Die Jagdbomber greifen von rechts an. Höhnisch erklingt das Geratter ihrer Bordwaffen. Soweit die Männer nicht in Panzerfahrzeugen sitzen, verschwinden sie in den Straßengräben oder pressen sich gegen die Erdaufwürfe der Hecken. Eine der britischen Hawker Typhoon fliegt direkt in die vier Leuchtspurgarben der Flugabwehrkanone hinein. Sie beginnt zu rauchen und trudelt zur Erde. Mit lautem Knall zerschellt sie auf der Erde und es steigt eine hohe Flammensäule auf.

Umso wütender stoßen jetzt die restlichen fünf Jagdbomber immer wieder auf die auseinandergezogene Kolonne herab. Eine Zugmaschine der Artillerie steht in hellen Flammen.

„Vorsicht, die Munition kann jeden Augenblick in die Luft fliegen!", schreit Hauptmann Bergner.

Der Fahrer der nächsten Zugmaschine springt trotz des Fliegerbeschusses auf und führt die Maschine samt einem dahinter hängenden Rohrwagen hinaus auf das freie Feld. Hinter einer Buschgruppe bleibt er stehen. Es war höchste Zeit, denn in diesem Augenblick fliegt die brennende Zugmaschine berstend auseinander. Brennendes Benzin aus den Reservekanistern ergießt sich in den Straßengraben. Schreiende Landser, die dort Schutz gesucht haben, springen aus dem Graben und flüchten vor den Flammen.

Wie Raubvögel stoßen die Typhoons immer wieder herab und feuern auf die flüchtenden deutschen Soldaten.

Nach einer unendlich erscheinenden Zeit drehen sie endlich ab. Der Fliegerangriff hat sieben Tote und elf Schwerverwundete gekostete. Eine Zugmaschine wurde zerstört und eine so schwer beschädigt, dass sie gesprengt werden muss.

Hauptmann Bergner ärgert sich darüber, dass er keinen Arzt bei sich hat. Auch die Artillerieeinheit hat nur einen Sanitätsfeldwebel in ihrem Bestand. Der Mann tut sein Bestes, um den Verwundeten zu helfen. Dennoch kann er es nicht verhindern, dass noch zwei Landser auf dem Weitermarsch sterben.

Als es endlich beginnt dunkel zu werden, treffen sie in Cramesnil ein. Der Ort liegt im Dunkeln, aber als sie die Häuser untersuchen, stellen sie fest, dass der ganze Ort voller Soldaten steckt. Doch es sind keine geschlossenen Einheiten. Vielmehr handelt es sich um die Reste von Kompanien, Bataillonen und auch viele einzelne Versprengte.

Bergner hält einen Panzerfeldwebel an.

„Was ist hier los?"

„Herr Hauptmann, der Engländer ist bei La Hougue durchgebrochen. Wir haben unsere Panzer verloren."

„Und die anderen Soldaten hier?"

„Keine Ahnung."

„Das kann ja heiter werden. Im Norden ist der Gegner durchgebrochen und hier pennen sie alle, als ob nichts geschehen wäre!"

Beim Schein einer Taschenlampe orientiert sich der Hauptmann über den Ort La Hougue. Er stellt fest, dass es keine fünf Kilometer Luftlinie sind. Rasch sucht er den Major der Artillerie auf und unterrichtet ihn über die neue Lage.

„Wir gehen hier in Stellung", sagt er und erteilt seinen Männern sofort die entsprechenden Befehle. Die Motoren brummen auf, Lafetten quietschen und die Rohre werden in die Lafetten eingezogen. Die schweren Holme der 15-cm Geschütze drücken sich tief in das Erdreich.

Der Hauptmann schickt seine Panzerkampfwagen nach Norden vor das Dorf. Dann jagt er mit seinen Grenadieren die versprengten Landser hoch und teilt sie zwischen den Männern seiner Kampfgruppe auf. Er versucht über Funk das I. SS-Panzerkorps zu erreichen. Aber im Äther bleibt alles still. Das Panzerkorps meldet sich nicht.

Im Norden scheint der Himmel wieder zu brennen. Unaufhörlich dröhnen Abschüsse und Einschläge herüber. Erst als ein Schützenpanzerwagen ins Dorf rollt, erfährt man vom Fahrer, dass die Briten bereits Garcelles-Secqueville erreicht haben. Daher kommen auch die hellen Flammenwolken über dem Wald nördlich von Cramesnil. Nun weiß der Artilleriekommandeur wenigstens, wohin er zu schießen hat. Gleich darauf zucken die Mündungsfeuer aus den Rohren der schweren Feldhaubitzen.

Hauptmann Arnold Becker von den Panzerjägern und Oberleutnant Martin Zeising von den Panzern begeben sich zu Hauptmann Bergner.

Der Panzerjäger meint: „Wir haben Spritsorgen.“

„Wie weit können Sie noch fahren?“

„30 bis 40 Kilometer, mehr werden es nicht.“

„Das ist schlecht. Aber wo soll ich in diesem Durcheinander Sprit herbekommen?“

Die beiden anderen Offiziere schweigen.

Endlich antwortet Hauptmann Becker: „Ich werde zwei meiner Marder leer pumpen und das heraus gepumpte Benzin an die übrigen Fahrzeuge verteilen. Dann werden wir den Rest der Munition übernehmen und den Munitions-Lkw der Panzer sprengen. Der hat auch noch 100 Liter und ist dann sowieso überflüssig. Die Artillerie führt drei Zugmaschinen ohne Geschütze mit. Auch das Benzin kann genommen werden. Doch der Major lehnt es rundweg ab, seine momentan unnützen Zugmaschinen zu sprengen."

„Haben Sie bereits mit ihm gesprochen?", fragt Bergner.

„Ja."

„Gut, veranlassen Sie bitte alles wie besprochen. Ich werde noch einmal mit dem Major reden."

Bergner geht durch einen Obstgarten und findet den Major in einem rasch aufgeschlagenen Zelt an einem Messtischplatz.

„Herr Major, der Kraftstoff bei den Panzern reicht nicht mehr aus!"

Unwirsch winkt der Artillerieoffizier ab.

„Jetzt kommen Sie auch noch damit an. Ich habe zwei Artilleriebatterien und keine Tankstelle."

„Herr Major, ohne Panzer und Infanteriedeckung sind Sie wehrlos. Das wissen Sie ganz genau!"

„Was erlauben Sie sich?"

„Wir wollen nicht streiten, aber der Führer dieser Kampfgruppe bin immer noch ich. Dass Sie eine Spritabgabe an Kampffahrzeuge verweigern, werde ich umgehend an das Korps melden!"

Bergner verschweigt geflissentlich, dass er im Augenblick gar keine Verbindung zum Korps oder zur Division Leibstandarte hat. Aber die Drohung wirkt.

Etwas weniger lautstark sagt der Major: „Ich brauche keine Zugmaschinen zu sprengen. Ich habe Kraftstoff genug."

Bergner wird zornig.

„Dann hätten Sie uns diese unliebsame Auseinandersetzung ersparen können, Herr Major. Gerade ist Hauptmann Becker auf dem Weg, um zwei wertvolle Marder zu sprengen! Ich schicke sofort zwei

Panzeroffiziere vorbei, die werden Ihnen angeben, was sie benötigen!"

Ungehalten verlässt Hauptmann Wilhelm Bergner das Zelt.

Eine Stunde später sind alle Panzerfahrzeuge sowie die Zugmaschinen bis an den Rand des Fassungsvermögens vollgetankt. Dem eigensinnigen Major verbleibt trotzdem noch eine kleine Reserve.

„Artillerie, Pioniere, Panzerjäger, Panzer, Grenadiere, alle in einer Linie. Das ist vielleicht ein merkwürdiger Krieg", meint ein Oberfeldwebel der Panzer zum kleinen Pionierleutnant.

„Es muss ein heilloses Durcheinander bei uns sein", gibt dieser zur Antwort und deutet in Richtung Front.

„Es wäre längst an der Zeit, den Krieg zu beenden", knurrt der Oberfeldwebel.

„Mensch, sagen Sie das nur nicht zu laut. Das kann Sie Kopf und Kragen kosten!"

„Ach was, Herr Leutnant. Ich bin doch nicht blind. Wir werden wie die Hasen gejagt. Man trommelt uns zusammen, kein Mensch weiß mehr, wie die Front verläuft und jeder soll da kämpfen, wo er gerade steht. Mit der Munition müssen wir sparen, Treibstoff haben wir keinen mehr und dann die große Materialüberlegenheit der anderen Feldpostnummer. Nein, ich für meinen Teil habe wirklich genug."

„Trotzdem ist es besser für Sie, wenn Sie jetzt still sind!"

„Na schön. Dann wird eben weitergestorben." Der Oberfeldwebel in der schwarzen Panzeruniform dreht sich um und verschwindet hinter seinem Panzer. Kurz darauf hört man ihn laut fluchen: „Ihr Kerle habt ja immer noch nicht die Kettenbolzen versplintet!"

Später weiß niemand mehr, wer zuerst den Warnruf ausgestoßen hat.

Plötzlich erklingt er.

„Der Feind ist im Dorf!"

Ohne das übliche Trommelfeuer und ohne Begleitpanzer ist es der britischen Infanterie gelungen, von Nordosten her in das Dorf einzubrechen.

Handgranaten wummern, Maschinenpistolengarben zerreißen im wilden Stakkato die nächtliche Ruhe. Gewehrschüsse peitschen und schwere Panzermotoren brüllen auf. Es herrscht ein unübersichtliches Durcheinander. Freund und Feind erkennen sich erst, wenn sie dicht voreinander stehen. Dann kommt es darauf an, wer schneller reagiert. Immer mehr Engländer sickern in das Dorf ein und immer wilder tobt der Straßen- und Häuserkampf.

Hauptmann Bergner hält seine Maschinenpistole schussbereit an der Hüfte. Neben und hinter ihm stehen einige Grenadiere und die Männer vom Funktrupp. Dunkle Gestalten pirschen sich über die Straße. Helle Gamaschen leuchten auf.

„Tommies, Herr Hauptmann!", flüstert ein Grenadier hinter Bergner.

Der Hauptmann schießt. Die Schreie der zusammenbrechenden Engländer werden vom Rattern eines Maschinengewehrs übertönt.

„Weiter, über die Straße!"

Sie hetzen los. Aus einem Haus quillt eine Schar Engländer. Sie verschwinden in einer Seitengasse und lassen ihre Handgranaten einfach hinter sich zu Boden kullern. Mit gewaltigen Sätzen springt der Hauptmann hinter eine schützende Hausecke. Einige der Grenadiere stürzen im Aufdonnern der Detonationen zusammen. Schon läuft Bergner wieder los.

Die Uniform klebt an seinem Körper.

Ein Haus beginnt zu brennen. Jetzt kann man wenigstens besser sehen. Überall Engländer. Es wimmelt von ihnen. Der Hauptmann springt in ein Haus. Im Zimmer brennt eine Petroleumlampe. Bergner dreht die Lampe aus und stößt das Fenster zur Straße auf. Zwei Engländer mit ihren typischen tellerförmigen Stahlhelmen schleichen an der Hauswand entlang. Sie sacken unter seinen Garben zusammen. Hinter ihnen tauchen einige Artilleristen auf. Beinahe hätte der Hauptmann sie beschossen. Er ruft sie ins Haus.

„Besetzt die anderen Fenster und die beiden Türen!"

Jetzt schiebt sich ein Tiger II auf die Dorfstraße und feuert gegen den Ortseingang. Von dort strömen dichte Trauben von Briten in das Dorf. Eine Sprenggranate donnert aus der langen 8,8 cm KWK 43 L 71 und schlägt mit brachialer Gewalt in eine Gruppe Feinde. Darüber hinaus hämmern die zwei MG 34 des Kampfpanzers. Sofort ist die Dorfstraße wie leergefegt. In einigen Häusern grollen Handgranatendetonationen auf. Es folgt eine tödliche Stille. Mehrere Engländer wollen über einen Gartenzaun klettern. Maschinenpistolenschüsse erfassen sie. Sie fallen zurück und bleiben im Maschendraht hängen.

Wieder feuert der Tiger II. Er ist jetzt bis auf die Höhe des Hauses vorgewalzt, in dem sich Hauptmann Bergner befindet. Der Luftdruck der abgefeuerten Sprenggranate wirft ihn beinahe um. Das koaxiale Maschinengewehr des schweren Panzers hämmert in hektischen Stößen.

Ein Tiger I rollt Ketten klirrend mit offener Luke am Haus vorbei. Im Turm steht der Oberfeldwebel. Zwei Kanonen dröhnen jetzt und die Panzer rollen weiter.

„Raus!", brüllt der Hauptmann.

Plötzlich sind die Dorfstraßen voll deutscher Soldaten. Am Ortseingang stehen brennende englische Lastkraftwagen, die gerade wenden wollten. Die Panzer schieben die brennenden Trümmer zur Seite. Der Hauptmann sieht, dass weiter vorn die ganze Straße voller britischer Fahrzeuge steht. Schuss auf Schuss jagt aus den Rohren der Kampfwagen. Sie zerschlagen die feindliche Kolonne. Über die Felder rechts und links der Straße flüchten englische Soldaten, die mit den Fahrzeugen so überraschend angekommen waren.

Am Ortsausgang hält der Hauptmann die Landser zurück. Überall peitschen noch Schüsse auf. Es dauert noch länger als eine Stunde, bis schließlich völlige Ruhe eintritt. Sorgfältig werden die Häuser durchsucht, Feldwachen aufgestellt und Gefangene eingebracht. Gegen Morgen lässt sich der blutige nächtliche Kampf übersehen.

Mehr als 60 tote Engländer bei 37 eigenen Toten werden gezählt. 24 Gefangene, darunter ein britischer Captain, stehen mit hinter dem Kopf verschränkten Händen auf der Straße.

„Holt den britischen Offizier herein", befiehlt Bergner.

Der Engländer betritt den Raum, grüßt stramm und bleibt an der Tür stehen. Man hat ihm bereits alle Papiere abgenommen, die jetzt vor dem deutschen Hauptmann auf dem Tisch liegen. Am interessantesten ist eine Karte, auf der die Bewegungen der englischen Verbände eingezeichnet sind.

Anscheinend hat der englische Offizier bemerkt, dass Hauptmann Bergner nach den passenden Worten sucht, um sich verständlich zu machen.

Lächelnd meint er: „Ich spreche gut Deutsch. Meine Eltern sind nach dem ersten Weltkrieg aus Deutschland ausgewandert. Sie wurden bereits 1925 amerikanische Staatsbürger und ich somit auch."

Bergner sieht den jungen Mann erstaunt an, erwidert aber nur: „Setzen Sie sich bitte. Zigarette?"

„Danke, wollen Sie lieber eine Amerikanische rauchen?"

„Gern. Danke."

Sie beobachten sich gegenseitig.

„Richtig, Sie sind ja Amerikaner. Wie kommt es, dass Sie unter lauter Engländern sind?"

„Ich bin amerikanischer Verbindungsoffizier zu einer englischen Division."

Bergner sieht etwas genauer hin und bemerkt nun die Unterschiede in der Uniformierung. Sein Gegenüber trägt tatsächlich eine amerikanische Uniform.

„Die Engländer haben sich bei ihrem heutigen Nachtangriff hervorragend geschlagen", bemerkt Bergner.

„Das Kompliment kann ich nur zurückgeben." Der Amerikaner macht eine kurze Pause und fügt dann hinzu: „Ehrlich gesagt, frage ich mich, wo Sie und Ihre Soldaten überhaupt noch die Kraft hernehmen, gegen uns zu kämpfen."

„Sie ist noch da, die Kraft. War Ihr Vater deutscher Soldat?"

„Ja."

„Dann lassen Sie es sich von Ihrem Vater erklären."

„Was wird nun mit mir und den Engländern draußen geschehen?"

„Sie werden nach hinten gebracht."

Der Amerikaner schaut den deutschen Hauptmann verlegen an und erwidert etwas unterdrückt: „Könnte das recht bald geschehen? Ich möchte gern aus der

Feuerlinie unserer Artillerie heraus. Sie werden das sicherlich verstehen."

Bergner pfeift leise durch die Zähne.

„Ja, das verstehe ich nur zu gut. Besser, als Sie vielleicht denken. Es ist ja wohl bereits beschlossen, dass dieses Dorf beschossen wird."

„Sie sind sehr scharfsinnig."

„Danke, Sie können gehen und ich wünsche Ihnen für die Zukunft alles Gute. Es wäre besser, wenn Sie hinten nicht mehr erwähnen, dass Sie von Geburt Deutscher sind."

„Thanks, Sir."

Der Amerikaner grüßt, lächelt und macht kehrt, um zu verschwinden.

Bergner setzt sich mit den Offizieren zusammen und erörtert die augenblickliche Lage.

„Außer den Verlusten an Soldaten sind bisher zwei Marder, ein Tiger II und drei Haubitzen beschädigt worden. Sie werden zur Sprengung vorbereitet. Es ist nicht daran zu denken, diese Fahrzeuge abzuschleppen und zu reparieren. Wir müssen jederzeit mit einem neuen Großangriff rechnen. Bitte geben Sie Ihren Leuten bekannt, dass jeder, der bei einem Durchbruch des Gegners versprengt wird, sich in grober Richtung nach Ost-Südost durchschlagen soll. Das heißt natürlich, wenn er durchkommt."

Der Artilleriemajor meldet sich als erster zu Wort.

„Ich möchte meine letzten drei Geschütze keinem neuen Infanterieangriff aussetzen. Deshalb werde ich in der Gegend von Saint-Sylvain in Stellung gehen."

„Wenn Sie noch dazu kommen, dann habe ich nichts dagegen, Herr Major!"

„Gut, dann werde ich gleich aufprotzen lassen."

Der Major verabschiedet sich kurz und geht.

Es sagt niemand der Anwesenden etwas dazu, doch an den Gesichtern erkennt Bergner, dass sich jeder seinen Teil denkt.

Kurz darauf rasseln die Zugmaschinen mit den angehängten Geschützen zum Dorf hinaus nach Richtung Süden.

Während die Männer verpflegt werden, studiert Bergner sorgfältig die Generalstabskarte des amerikanischen Verbindungsoffiziers. Südwestlich von Saint-Aignan-de-Cramesnil liegt eine kleine, mit Büschen bewachsene Hügelgruppe. Dort will er mit dem Rest seiner Kampfgruppe Stellung beziehen. Das Dorf erscheint ihm doch etwas zu stark gefährdet. Bis zu den Hügeln sind es nicht mehr als zwei Kilometer. Außerdem können sie sich, wenn es notwendig werden sollte, am Hinterhang dieser Hügel gut gedeckt zurückziehen. Da die Kampfgruppe ohne jeden Tross ist, dauert die Vorbereitung bis zum Abmarsch nur wenige Minuten. Dann rollt die Kampfgruppe querfeldein auf die Hügel zu. Den ganzen Tag hindurch wird geschanzt und gegraben. Von ihrem Kompanietross haben sie nun mittlerweile seit zwei Tagen nichts mehr gehört oder gesehen.

Von den Hügeln aus kann man die Ebene bis zu den Vororten Caens übersehen. Die meisten Dörfer sind niedergebrannt oder brennen sogar noch.

An der ganzen Front, soweit das Auge reicht, leuchtet es auf. Die britische Artillerie ist wieder einmal in vollem Gange.

Auch Cramesnil liegt jetzt schon unter dem schweren Feuer der englischen Geschütze. Der Entschluss des

Hauptmanns, den Ort rechtzeitig zu räumen, war also vollkommen richtig.

Langsam versinkt das Dorf zu ihren Füßen in Schutt und Asche. Brände brechen aus und am Ortsausgang sieht man Zivilisten in eiliger Flucht das brennende Dorf verlassen.

„Unten im Dorf scheint schon der Feind zu sitzen", meint der Panzeroberleutnant und kratzt sich sein unrasiertes Kinn.

„Haben Sie etwas gehört?", Bergner richtet sich höher aus der Deckung auf und schiebt die Zweige des Busches auseinander.

„Da waren einwandfrei Kettengeräusche, Herr Hauptmann."

Nach einer Weile des Schweigens meint Bergner: „Man müsste einen Spähtrupp losschicken."

„Das wäre das Beste."

Bergner geht geduckt weiter, bis er den jungen Pionierleutnant gefunden hat.

„Was halten Sie von einem Spähtrupp hinunter ins Dorf?"

„Das wäre nicht schlecht. Wir haben noch ein paar Panzerfäuste, die könnten wir einbauen und aus der Entfernung abziehen. Bis die Engländer gemerkt haben, was eigentlich los ist, sind wir längst wieder über alle Berge."

„Wollen Sie selbst gehen?"

„Jawohl, Herr Hauptmann."

„Wie viele Männer wollen Sie mitnehmen?"

„Eine Gruppe, jeder mit Maschinenpistolen ausgerüstet, Herr Hauptmann."

„Sehr gut, wann wollen Sie los?"

„Bei Einbruch der Nacht. In der Dämmerung ist es am erfolgversprechendsten.“

Der Leutnant beginnt sofort seine Männer zusammenzusuchen.

„Passt auf, die Koppel, Magazintaschen, Gasmasken und Seitengewehre bleiben hier. Jeder schiebt sich ein Reservemagazin in die Stiefel oder in die Hasentasche. Den Stahlhelm lassen wir auch hier. Die Gesichter und Hände werden schwarz geschmiert. Vier Panzerfäuste und eine Drahtrolle nehmen wir auch noch mit. Damit können wir eine tolle Überraschung für die Engländer bauen. Alles verstanden?“

„Klar, machen wir, Herr Leutnant!“

„Gut, dann seht zu, dass Ihr fertig werdet.“

„So viele Maschinenpistolen haben wir gar nicht, Herr Leutnant“.

„Die anderen Gruppen sollen ihre Maschinenpistolen herausrücken. Sie bekommen sie ja auch wieder.“

Noch vor Einbruch der Dämmerung holt der Leutnant seine Männer zusammen.

„So, alle mal herhören. Dass wir nicht am Vorderhang herunterrutschen, dürfte Euch ja wohl klar sein. Wir werden also am Nordhang heruntergehen und einen Bogen schlagen. Ich schätze, dass der Gegner das Dorf nach drei Seiten sichern wird. Nur nach hinten wird seine Aufmerksamkeit nicht allzu groß sein. Dort werden wir uns ranmachen. Ich denke, dass wir dann ihre Sicherungspanzer auch von hinten erledigen können. Ist alles klar?“

„Jawoll, Herr Leutnant“, erklingt es im Chor.

„Gut, sollte irgendeiner abgeschnitten werden, so versucht er allein zurückzukommen. Und dass mir niemand Lärm macht und jeder sich ja so lautlos wie möglich bewegt.“

Nur langsam vergeht die Zeit. Die Zeiger der Uhren wollen und wollen einfach nicht vorrücken. Den Grenadieren und Panzermännern ist es gerade recht. Sie haben vom Überraschungsangriff der Engländer in der letzten Nacht noch restlos genug.

Der größte Teil der Kampfgruppe schläft. Die Landser sind von den vorangegangenen Tagen zu erschöpft. Sie haben sich diese Ruhepause wahrhaftig verdient.

Der Pionierleutnant steht auf. Die ersten Sterne zeigen sich sanft am Himmel. Er deutet zur aufkommenden Dämmerung.

„Wir beginnen mit dem Abstieg."

Einer hinter dem anderen, der Leutnant an der Spitze, beginnen die Pioniere den Hang hinunterzuklettern. Unten wird zuerst eine Pause eingelegt. Sie warten, bis es noch dunkler wird. Dann geht es in einem großen Bogen weiter.

„Ruhiger!", ermahnt der Leutnant an der Spitze flüsternd.

Dabei ist wirklich nichts anderes zu hören, als das Rauschen des hohen Grases, durch das sie sich schieben. Aber es geht wirklich noch leiser.

Immer wieder bleibt der Leutnant liegen und hebt vorsichtig, nach allen Seiten sichernd, den Kopf, ehe er zischt: „Weiter!"

Es ist ein mühsames Vorwärtsgleiten auf Händen und Knien. Übrigens ist es vorteilhaft, dass das Gras hier gut kniehoch steht.

Das Dorf liegt jetzt links voraus und genau vor ihnen zieht sich die Straße von links aus dem Dorf kommend weiter in sanftem Bogen nach Nordosten. Deutlich sind die Silhouetten der britischen Kraftfahrzeuge zu sehen, die gestern von den deutschen Panzern zerstört worden waren.

Die Männer atmen schon schwer und keuchend. Der Leutnant bleibt liegen. Er möchte sie nicht auspumpen und ihnen die letzte Kraft rauben, ehe es losgeht.

Er winkt sie zu sich vor und flüstert: „Zehn Minuten Pause, jeder bleibt völlig ruhig liegen und rührt sich nicht. Wir müssen mit unseren Kräften haushalten."

Schließlich ist es keine Kleinigkeit, mehr als 1.000 Meter auf allen Vieren vorwärts zu kriechen und noch vier Panzerfäuste und eine Drahtrolle mitzuschleppen. Die Pioniere sind dem Leutnant dankbar für die Verschnaufpause.

Dann geht es weiter. Immer wieder lauschen sie nach vorn und den Seiten. Aber es ist nichts zu hören. Nun haben sie die ersten großen Trichter erreicht, die die englische Artillerie geschossen hat. Die Straße liegt jetzt noch kaum 20 Meter vor ihnen. Gerade als sie sich wieder aus dem Trichter herausschieben wollen, kommt eine Gruppe Engländer auf das Dorf zu. Sie unterhalten sich leise miteinander.

Als die Briten verschwunden sind, flüstert der Leutnant: „Los, weiter!"

Sie schieben sich durch das Gras, das jetzt spärlicher wird und an vielen Stellen verbrannt oder von Trichtern zerrissen ist. An den tiefen Kratern können die Männer erkennen, dass der Gegner mit schwersten Kalibern in das Dorf geschossen haben muss. Je näher sie kommen, umso dichter liegen die Trichter nebeneinander.

Im spitzen Winkel pirschen sie sich an die Straße heran. Diese müssen sie noch überqueren, um das Dorf von hinten zu erreichen.

Doch jetzt kommt der schwierigste Teil des ganzen Unternehmens, nämlich sich ungesehen bis an das Dorf heranzuarbeiten. Schließlich wollen sie die mitgeschleppten Panzerfäuste am effektivsten zur Wirkung bringen.

Noch verschwimmen die Konturen der Häuser, Schuppen und der dazwischen aufgestellten Armeefahrzeuge zu einer dunklen Masse, die keine Einzelheiten erkennen lässt.

Etwa 50 Meter vor dem Dorf lässt der Leutnant sechs seiner Männer als Sicherung zurück. Sie haben die Aufgabe, die zurückkommenden Kameraden aufzunehmen, um ihnen Feuerschutz zu geben, wenn es nötig werden sollte.

Vor ihnen glimmt ein Licht auf.

„Vorsichtig."

Eine Tür fällt ins Schloss, dann herrscht wieder Stille.

Jetzt sind schon Einzelheiten zu erkennen. Hinter dem Haus, das direkt vor ihnen liegt, steht ein amerikanischer Jeep, dahinter ein Zelt. Die Engländer scheinen recht sorglos zu sein.

Die Gruppe schiebt sich zwischen zwei Häusern hindurch und nehmen an einer Hecke, die zwei benachbarte Grundstücke voneinander trennt, Deckung.

Dann sehen sie zwei schwere Panzerwagen auf der anderen Seite der Straße stehen.

„Ihr bleibt hier liegen. Ich schau mich mal um", flüstert der Leutnant verhalten und gleitet nach links weg.

Er sieht noch mehr Panzer, erkennt Infanteriestellungen und auf der Dorfstraße hin und her patrouillierende Doppelposten.

Rasch rutscht er zurück zu seinen Männern.

„Lasst den Draht liegen. Wir schießen die Panzer direkt ab. Gleich nach dem Schuss gehen wir auf unsere Sicherungen zurück. Und noch etwas. Wenn einer erkannt wird, läuft er nicht auf unsere Sicherungsposten zurück. Denn damit bringt er die anderen in Gefahr.

Sollte jemand verwundet werden, bleibt er liegen und lässt sich gefangen nehmen, ist das klar?"

Die Worte, im Flüsterton gesprochen, verfehlen ihre Wirkung nicht.

Leutnant Nowak schnappt sich eine Panzerfaust und weist den drei übrigen Schützen ihre Ziele zu.

Sie pirschen sich wieder voran und nehmen ihre Ziele ins Visier.

Leutnant Nowak zielt auf einen Sherman. Zur ausgemachten Zeit drückt er den Auslöser der Panzerfaust. Beinahe gleichzeitig zischen auch die drei übrigen Panzerfäuste los.

Nowak sieht, wie der Sprengtopf einschlägt und sich unter gleißendem Licht in die Seitenpanzerung des 30 Tonnen Panzers schweißt. Nowak wartet die Explosion nicht ab, wirft das nutzlose Rohr weg und hastet zurück. In seinem Rücken zucken Stichflammen zum Himmel, Granaten bersten und Treibstoff brennt.

Nun peitschen Schüsse auf und Stimmen schreien durcheinander.

Der Pionierleutnant rennt um sein Leben. Dicht neben sich sieht er eine Leuchtspurgeschosskette in den Boden schlagen. Dann ein Schlag in die Hüfte, einer in den Rücken. Nowak taumelt noch einige Schritte weiter und bricht zusammen. Ein anderer Schatten taucht neben ihm auf, es ist der Gefreite Ahland.

„Was ist mit Dir?"

„Mach, dass Du weiterkommst. Mich hat es erwischt", flüstert Nowak.

Ahland springt weiter. Rasender Schmerz durchdringt Nowak. Er beißt sich auf die Lippen, denn die Kameraden müssen verschwinden. Seine Hände krallen sich in die warme Erde, langsam sinkt sein Kopf vornüber.

Der Stoßtrupp wird von einem Oberfeldwebel zurückgeführt.

Hauptmann Wilhelm Bergner wartet schon gespannt. Seine erste Frage gilt den Verlusten.

„Was ist mit Leutnant Nowak?"

„Schwer verwundet. Er hat befohlen, ihn zurückzulassen."

„Wie viele Verluste haben Sie sonst?"

„Keine weiteren."

Bergner starrt nach Norden, immer noch brennt es im Dorf. Immer wieder kommt es zu Detonationen.

„Wie viele Panzer konnten Sie knacken?"

„Vier, Herr Hauptmann."

„Ich danke Ihnen."

Es ist vier Uhr morgens, als sich die Schlünde der britischen Kanonen wieder öffnen. Mit unheimlicher Präzision schießen sie sich auf den Hügel ein. Irgendwie hat Hauptmann Bergner das Gefühl, dass die Entscheidung mit riesigen Schritten auf ihn zukommt. In den kurzen Feuerpausen springt er von Deckung zu Deckung.

Einer der Grenadiere fragt: „Werden wir noch rauskommen, Herr Hauptmann?"

„Man darf nie die Hoffnung aufgeben."

Schon springt er weiter.

Der Panzeroberleutnant zieht ihn zur Seite.

„Herr Hauptmann, der Gegner steht bereits in unserem Rücken!"

„Woher wollen Sie das wissen?"

„Ich habe auf eigene Faust zwei meiner Männer losgeschickt. Die haben mir diese Meldung gebracht."

„Also doch", murmelt Bergner. „Ich hatte es schon befürchtet."

„Wir werden ihnen einen heißen Empfang bereiten", knurrt Oberleutnant Zeising.

Bergner schaut den jungen Offizierskameraden lange und nachdenklich an.

„Wir werden sehen."

Es ist das Einzige, was er erwidern kann.

Mit den ersten Sonnenstrahlen hängen die feindlichen Jagdbomber über dem Hügel.

Ihre Splitterbomben zerspringen zwischen den Stellungen. Mit ihren Bordkanonen hämmern sie in die Deckungslöcher. Die einzelne Vierlingsflak kann eine der amerikanischen Thunderbolts vom Himmel holen. Doch die anderen Jabos konzentrieren sich so lange auf die Flak-Selbstfahrlafette, bis sie brennend zum Schweigen gebracht ist. Die Kanoniere liegen tot neben ihrem Geschütz.

Endlich drehen die P 47 ab, doch sofort beginnt die britische Artillerie wieder zu trommeln. Der Tod schwingt seine Sense über den Hügel.

„Wenn es doch bloß schon zu Ende wäre", denkt sich Bergner und gräbt sich tiefer in ein Deckungsloch. Wenn der Gegner zum letzten Sturm antritt, wird es für ihn nichts mehr zu befehlen geben. Dann ist jeder auf sich selbst gestellt.

Schmerzensschreie erklingen und werden von krepierenden Granaten zum Schweigen gebracht. Der Pulverdampf hängt sich schwer an den Hügel.

Dicht hinter Bergner schlägt es klirrend ein. Erde fällt auf seinen Rücken und Detonationsdruck presst ihn gegen die Trichterwand. Er schaut sich um und sieht, dass ein Toter neben ihm liegt. Er kann nicht erkennen, wer es ist, denn das Gesicht des Landsers ist zerschmettert, beide Beine sind ihm ab der Hüfte abgerissen.

Er fühlt, wie ihm warmes Blut über die Augen rinnt. Seine Hände fühlen sich merkwürdig schwer an.

Schließlich feuern die Engländer mit Nebelgranaten. Der Feind will damit seine Bewegungen verschleiern.

Der milchig-grauweiße Nebel wogt zähflüssig hin und her. Keine drei Schritte kann man mehr sehen.

Irgendwo hämmert ein Maschinengewehr los. Dem Klang nach zu urteilen, ein deutsches MG 42. Handgranaten brüllen auf und es peitschen Pistolenschüsse.

Plötzlich schweigt die britische Artillerie. Dafür dringen fremde Laute an Bergners Ohren. Schreie, befehlsgewohnte Stimmen und das Stöhnen Sterbender.

Hauptmann Bergner schiebt sich etwas höher und presst seine Maschinenpistole an die Hüfte.

Er sieht schemenhafte Schatten gespenstisch herumhuschen. Bergner feuert, einer der Schatten fällt lautlos in sich zusammen.

Eine MG-Garbe zischt an ihm vorbei.

Der warme Sommerwind reißt die Nebelwände auseinander. Selbst die Engländer bleiben erschrocken stehen. Sie halten sich an weißen Bändern fest, um sich nicht zu verlieren. Schon feuern die deutschen Maschinengewehre stärker zwischen die Sturmgruppen. Stielhandgranaten zerspringen polternd. Unten am Fuß des Hügels steht bereits die zweite Gruppe der Sturmkolonnen.

Hauptmann Bergner wendet sich nach rechts. Die Kanone eines Tiger II brüllt auf. Ein anderer fällt ein, dann sieht Bergner die englischen Tanks anrollen. Dicht vor dem Panzer, etwas seitlich abgesetzt, hocken zwei Grenadiere hinter einem MG 42. Er springt zu ihnen in das Deckungsloch. Wortlos schiebt er den zögernden Schützen I von der Waffe weg und beginnt zu feuern.

Gurt auf Gurt rast durch das Schloss. Seine Schulter ist gegen die ratternde Waffe gestemmt. Ein klatschender Schlag reißt ihm den Stahlhelm zurück ins Genick.

Der Tod hatte mal wieder nach ihm gegriffen.

„Ein neuer Kasten her!"

„Es ist der Letzte!", brüllt der Obergefreite zurück. Für einen Augenblick starren sich die beiden Soldaten wortlos an. Das Ende kommt mit riesigen Schritten näher. In dieser kurzen Gefechtspause merkt der Hauptmann, dass kein anderes Maschinengewehr mehr feuert. Was machen die Panzer? Er dreht sich um und sieht, dass dem Panzer hinter ihm die linke Kette fehlt. Das Antriebsrad ist zerfetzt und das Maschinengewehr im Turm hängt nach unten. Nur aus dem Kanonenrohr zischt noch einmal eine feurige Zunge hervor. Dann schweigt auch dieses Geschütz. Die Panzersoldaten springen heraus. Einer wirft sich neben dem Hauptmann zu Boden.

„Wir haben keine Munition mehr und der Panzer ist bewegungsunfähig, Herr Hauptmann. Wir müssen sprengen!"

„Sprengt!"

„Dann müssen Sie hier weg!"

Sie laufen zurück. Der links dahinter stehende Tiger ist ausgebrannt. Von seiner Besatzung fehlt jede Spur. In Sekundenschnelle überblickt Bergner das Gefechtsfeld. Zahllose Tote liegen umher, zerstörtes Gerät liegt brennend daneben.

Am Hinterhang laufen einige deutsche Soldaten.

„Wo sind die anderen?"

Eisiges Schweigen.

„Wir müssen weiter, Herr Hauptmann!"

Unten am Ende des Hanges beginnt eine übermannshohe Hecke. Sie bietet gute Deckung gegen Sicht.

Ein Offizier und sieben Soldaten starren zum Hügel empor. Panzerwracks und Tote.

Irgendwoher brummen Panzermotoren auf. Drüben schieben sich eben vier englische Sherman über den Bahndamm. Ihre Türme schwenken suchend hin und her.

Es beginnt ein MG hinter den Panzern zu hämmern. Zwei der Tanks drehen den Turm und es zischt eine lange Feuerlanze aus den Rohren. Danach herrscht wieder eisiges Schweigen.

Sie pirschen sich zurück und stehen am Rand einer Lichtung. Dort stehen die schweren Feldhaubitzen. Sie starren auf das Umfeld. Dort muss ein mörderischer Nahkampf getobt haben. Überall liegen Tote herum, Deutsche und Engländer. Sanitäter gehen umher und versorgen die Verwundeten.

„Wir müssen uns links halten", brummt Bergner und die kleine Gruppe schleicht weiter.

Der Tag vergeht, dann kommt die Nacht. Sie marschieren weiter, sind völlig ausgepumpt und erreichen im Morgengrauen des nächsten Tages die Laize westlich von Bretteville-sur-Laize.

Dort stoßen Sie auf eine vorgeschobene deutsche Einheit.

Diese ist gerade auf Spähtrupp und wird von einem jungen Unteroffizier geführt.

„Beeilung, Herr Hauptmann, wir müssen zurück, solange die Brücke noch frei ist. Wir gehen durch den Wald zurück. Hier wimmelt es überall von Tommies."

ENDE

IHRE ZUFRIEDENHEIT IST UNSER ZIEL!

Liebe Leser, liebe Leserinnen,

hat Ihnen unser Buch gefallen? Haben Sie Anmerkungen für uns? Kritik? Bitte zögern Sie nicht, uns zu schreiben. Wir werden jede Nachricht persönlich lesen und beantworten.

Schreiben Sie uns: info@ek2-publishing.com

Wussten Sie schon, dass Sie uns dabei unterstützen können, deutsche Militärliteratur sichtbarer zu machen? Bitte nehmen Sie sich einen Moment Zeit und bewerten Sie dieses Buch online. Viele positive Rezensionen führen dazu, dass das Buch mehr Menschen angezeigt wird.

Sie können somit mit wenigen Minuten Zeitaufwand unserem kleinen Familienunternehmen einen großen Gefallen tun. Vielen Dank für Ihre Unterstützung!

PS: In seltenen Fällen kommt ein Buch beschädigt beim Kunden an. Bitte zögern Sie in diesem Fall nicht, uns zu kontaktieren. Selbstverständlich ersetzen wir Ihnen das Buch kostenlos.

LANDSER IM WELTKRIEG — „DAS AFRIKAKORPS UNTER ERWIN ROMMEL" erscheint im Monat Mai als E-Book und Taschenbuch überall, wo es Bücher gibt!

Die glühenden Strahlen der Sonne zerschneiden die Luft über dem Flugplatz von Derna. Fern am Horizont hebt sich der Dschebel-el-Akhdar, ein toter, brauner Tafelberg, verschwommen vom Himmel ab. Zerschossene Panzer, Flugzeuge und anderes Kriegsgerät liegen herum. Es sind stille Zeugen erbitterter Kämpfe. Verteilt am Platzrand sind mehrere 2 cm Flugabwehrgeschütze zu finden. Weiter vom Rollfeld entfernt, sind einige schwere Flak-Batterien aufgestellt.

Trotz der brütenden Hitze herrscht in der Flugplatz-Kommandantur reges Treiben. Die Flugplatzleitung erwartet eine große Anzahl von Ju-52 Transportflugzeugen mit Ersatz für die arg zusammengeschrumpften Verbände des Deutschen Afrikakorps.

Insgesamt sollen es heute 700 Mann sein, die von Kreta aus herübergeflogen werden.

Schon donnert die erste Gruppe Junkers Transportmaschinen heran. Um eventuell auftauchenden Feindjägern nach Möglichkeiten zu entgehen, fliegen die Transporter sehr niedrig über dem Wasser des Mittelmeers. In der gleichen Höhe, es sind ungefähr zehn Meter, steuern sie auch den Flugplatz an, um zu landen.

Wenige Minuten später setzen die ersten Maschinen auf und rollen aus. Wolken rötlichen Staubes wirbeln nun hoch. Die ohnehin trübe Sicht wird dadurch noch mehr verschlechtert.

Keine Neuerscheinung verpassen und gratis E-Book sichern!

Tragen Sie sich in den Newsletter von EK-2 Militär ein, um über aktuelle Angebote und Neuerscheinungen informiert zu werden und an exklusiven Leser-Aktionen teilzunehmen.

Als besonderes Dankeschön erhalten Sie KOSTENLOS das E-Book »Die Weltenkrieg Saga« von Tom Zola. Enthalten sind alle drei Teile der Trilogie.

Link zum Newsletter:
https://ek2-publishing.aweb.page

Über unsere Homepage:
www.ek2-publishing.com

LANDSER IM WELTKRIEG

KAUFEN!

Überall, wo es Bücher gibt.

Eine Veröffentlichung der EK-2 Publishing GmbH

Friedensstraße 12
47228 Duisburg
Registergericht: Duisburg
Handelsregisternummer: HRB 30321
Geschäftsführerin: Monika Münstermann

E-Mail: info@ek2-publishing.com
Homepage: www.ek2-publishing.com

Cover/Umschlag: Kayla Pelgrim
Autor: Hermann Weinhauer
Lektorat: Martina Wehr
Buchsatz: Heiko Piller

1. Auflage
Druckhinweis:
Libri Plureos GmbH
Friedensallee 273
22763 Hamburg